普通高等教育新工科机器人工程系列教材

工业机器人工作站虚拟仿真教程

主　编　陈　鑫　桂　伟　梅　磊
副主编　高　霞　韩明兴　李　东
参　编　沈　琛　童小琴　代　恒　高　俊

机械工业出版社

本书以 ABB 工业机器人为对象,使用其仿真软件 RobotStudio 进行基本操作与工作站虚拟仿真,采用"知识点"与"工程实例"相结合的讲解方法,通过八个基础章节的知识点教学与两个工程案例对工业机器人虚拟仿真工作站进行剖析,即 RobotStudio 简介与安装、构建工业机器人工作站、RobotStudio 的建模功能、工业机器人离线轨迹编程、事件管理器的应用、Smart 组件的应用、RAPID 基础编程、在线操作,以及焊接工作站的案例应用和码垛工作站的案例应用。书中各个知识点的编排符合 RobotStudio 软件的学习顺序,由浅入深;两个工程实例符合工业机器人行业应用特色,对前面知识点加以综合运用。本书提供相关案例源文件和 PPT 课件、教案等资源。案例源文件请扫描前言中的二维码获取,PPT 课件、教案等请联系 QQ296447532 获取。

本书可作为本科院校及高职院校机器人工程相关专业的基础教材,也可为从事工业机器人系统集成设计、编程、调试的工程技术人员提供参考。

图书在版编目(CIP)数据

工业机器人工作站虚拟仿真教程/陈鑫,桂伟,梅磊主编. —北京:机械工业出版社,2020.7(2024.1重印)

ISBN 978-7-111-65650-0

Ⅰ.①工… Ⅱ.①陈… ②桂… ③梅… Ⅲ.①工业机器人—工作站—高等学校—教材 Ⅳ.①TP242.2

中国版本图书馆CIP数据核字(2020)第088422号

机械工业出版社(北京市百万庄大街22号 邮政编码100037)
策划编辑:周国萍 责任编辑:周国萍 刘本明
责任校对:张晓蓉 封面设计:马精明
责任印制:刘 媛
涿州市般润文化传播有限公司印刷
2024 年 1 月第 1 版第 6 次印刷
184mm×260mm・17 印张・399 千字
标准书号:ISBN 978-7-111-65650-0
定价:59.00元

电话服务 网络服务
客服电话:010-88361066 机 工 官 网:www.cmpbook.com
010-88379833 机 工 官 博:weibo.com/cmp1952
010-68326294 金 书 网:www.golden-book.com
封底无防伪标均为盗版 机工教育服务网:www.cmpedu.com

前言

随着科学技术的发展，工业机器人在我国智能制造行业的大量应用，工业机器人系统集成项目的仿真设计逐渐成为行业技术人员的必备技能。仿真设计可以在设计方案阶段对实际工程项目进行计算机模拟，形成生产动作仿真视频。利用仿真技术可以直接观察工业机器人在生产线中的生产情景，优化设计，节约设计时间，降低成本，验证设计正确性；另外在项目调试阶段，现场编程工作量大，可采用仿真软件提前进行离线编程，利用在线编程功能分担调试人员的调试工作量。

本书以 ABB 工业机器人为对象，使用其仿真软件 RobotStudio 进行基本操作与工作站虚拟仿真，采用"知识点"与"工程实例"相结合的讲解方法，通过八个基础章节的知识点教学与两个工程案例对工业机器人虚拟仿真工作站进行剖析，即 RobotStudio 简介与安装、构建工业机器人工作站、RobotStudio 的建模功能、工业机器人离线轨迹编程、事件管理器的应用、Smart 组件的应用、RAPID 编程基础、在线操作，以及焊接工作站的案例应用和码垛工作站的案例应用。书中各个知识点的编排符合 RobotStudio 软件的学习顺序，由浅入深；两个工程实例符合工业机器人行业应用特色，对前面知识点加以综合运用。本书提供相关案例源文件和 PPT 课件、教案等资源。案例源文件请扫描下方的二维码获取，PPT 课件、教案等请联系 QQ296447532 获取。

本书对知识点的讲解以实操为主，采用大量的图片，通俗易懂，不仅适合本科院校及高职院校机器人工程相关专业学生学习，而且适合从事工业机器人系统集成、工作站设计、现场调试的技术人员学习和参考。

本书由武汉商学院的陈鑫、桂伟，江汉大学的梅磊担任主编；由长江职业学院的高霞、华中农业大学的韩明兴、武汉城市职业学院的李东担任副主编；参与编写的老师有武汉铁路职业技术学院的沈琛、武汉科技大学城市学院的童小琴、武汉晴川学院的代恒、武汉商学院的高俊。

由于编著者水平有限，书中难免有疏漏和不足，衷心希望广大读者朋友批评指正，以便进一步提高本书的质量。

编著者

2020 年 7 月

目　录

前言

第1章　RobotStudio 简介与安装..1

1.1　常用的工业机器人仿真软件..1

1.1.1　MotoSimEG-VRC..1

1.1.2　RoboGuide..1

1.1.3　KUKA Sim..3

1.1.4　DELMIA..3

1.2　RobotStudio 简介..4

1.2.1　什么是 RobotStudio..4

1.2.2　常用术语和概念..5

1.2.3　安装和激活..6

1.3　界面介绍..10

习题..12

第2章　构建工业机器人工作站..13

2.1　工作站构建的基本流程..13

2.1.1　导入和微动工业机器人..13

2.1.2　导入工作站组件..16

2.1.3　使用系统创建工作站..18

2.1.4　摆放对象及机械装置..20

2.1.5　虚拟示教器..25

2.2　创建带导轨的工业机器人工作站..27

2.3　创建带变位机的工业机器人工作站..31

2.4　工作站的共享..37

习题..42

第3章　RobotStudio 的建模功能..43

3.1　自带建模功能简介..43

3.1.1　功能图标简介..43

3.1.2　兼容的 3D 格式..49

3.2　构建几何体实例..50

3.2.1　单个几何体的创建..50

3.2.2　构建一个简单的组合体..53

3.3　CAD 文件的导入和导出..56

3.3.1　导出 RobotStudio 创建的几何模型 56

3.3.2　导入几何体 57

3.4　测量工具的使用 59

3.4.1　测量矩形体的高度 59

3.4.2　测量锥形的角度 60

3.4.3　测量圆柱体直径 60

3.4.4　测量最短距离 61

3.5　创建机械装置 61

3.6　创建工业机器人用具 67

习题 75

第 4 章　工业机器人离线轨迹编程 76

4.1　创建工业机器人离线轨迹曲线及路径 76

4.1.1　导入模型 76

4.1.2　创建工业机器人激光切割曲线 81

4.1.3　自动生成路径 84

4.2　目标点调整及轴配置参数 85

4.2.1　目标点调整 85

4.2.2　轴配置参数 87

4.3　优化工作站程序 89

4.4　仿真视频的录制 90

习题 92

第 5 章　事件管理器的应用 93

5.1　事件管理器主要功能 93

5.1.1　任务窗格 94

5.1.2　事件网格 94

5.1.3　触发编辑器 95

5.1.4　动作编辑器 96

5.2　利用事件管理器构建简单机械装置的运动 98

5.2.1　创建一个上下滑动的机械运动特性 98

5.2.2　创建一个输送链运行仿真效果 116

5.3　创建一个提取对象动作 122

习题 133

第 6 章　Smart 组件的应用 134

6.1　Smart 组件简介 134

6.2　Smart 组件创建动态输送链 135

6.2.1　设定输送链的产品源（Source） 135

6.2.2　设定输送链的运动属性 136

6.2.3 设定输送链的限位传感器 136

   6.2.4 创建属性与连结 138

   6.2.5 创建信号连接 139

   6.2.6 仿真运行 140

  6.3 Smart 组件创建动态夹具 142

   6.3.1 设定夹具属性 142

   6.3.2 设定检测传感器 143

   6.3.3 设定拾取放置动作 144

   6.3.4 创建属性与连结 145

   6.3.5 创建信号与连接 146

   6.3.6 Smart 组件的动态模拟运行 147

  6.4 Smart 组件工作站逻辑设定 148

   6.4.1 查看工业机器人程序及 I/O 信号 148

   6.4.2 设定工作站逻辑 150

   6.4.3 仿真运行 151

  6.5 Smart 组件的子组件 154

   6.5.1 "信号与属性"子组件 155

   6.5.2 "参数与建模"子组件 158

   6.5.3 "传感器"子组件 161

   6.5.4 "动作"子组件 163

   6.5.5 "本体"子组件 165

   6.5.6 "其他"子组件 168

 习题 171

第 7 章 RAPID 基础编程 172

  7.1 简介 172

   7.1.1 程序结构 172

   7.1.2 模块 173

   7.1.3 程序操作 173

  7.2 基本程序数据 182

   7.2.1 程序数据的概念 182

   7.2.2 程序数据的类型与分类 183

   7.2.3 建立程序数据 185

  7.3 表达式 187

  7.4 指令 188

   7.4.1 赋值指令 188

   7.4.2 运动指令 189

   7.4.3 I/O 控制指令 191

7.4.4　条件逻辑判断指令 192
7.4.5　其他常用指令 194
7.4.6　中断程序 196
习题 197

第8章　在线操作 198
8.1　PC 连接控制器 198
8.1.1　连接端口 198
8.1.2　PC 与控制器的连接 199
8.2　网络设置与用户授权 202
8.2.1　网络设置 202
8.2.2　用户授权 203
8.3　处理 I/O 214
8.3.1　常用信号类型 214
8.3.2　I/O 信号实例操作 215
习题 220

第9章　焊接工作站的案例应用 221
9.1　焊接工作站简介 221
9.2　创建焊接工作站 221
习题 236

第10章　码垛工作站的案例应用 237
10.1　工作任务 237
10.2　操作步骤 237
习题 263

参考文献 264

第 **1** 章

RobotStudio 简介与安装

本章任务

1. 了解目前市面上常用的仿真软件
2. 学会 RobotStudio 软件的安装与激活
3. 认识 RobotStudio 的界面

1.1 常用的工业机器人仿真软件

目前市场上常用的工业机器人仿真软件有安川机器人的 MotoSimEG-VRC、FANUC 机器人的 RoboGuide、KUKA 机器人的 KUKA Sim、CATIA 公司的 DELMIA。

1.1.1 MotoSimEG-VRC

MotoSimEG-VRC（图 1-1）是对安川机器人进行离线编程和实时 3D 模拟的工具。其作为一款强大的离线编程软件，能够在三维环境中实现安川机器人的绝大部分功能，包括：

1）工业机器人的动作姿态可以通过六个轴的脉冲值或工具尖端点的空间坐标值来显示。

2）干涉检测功能能够及时显示界面中两数模的干涉情况，当工业机器人的动作超过设定脉冲值极限时，图像界面对超出范围的轴使用不同颜色来警告。

3）显示工业机器人的动作循环时间。

4）真实模拟工业机器人的输入 / 输出（I/O）关系。具备工业机器人之间、工业机器人与外部轴之间的通信功能，能够实现协调工作。

5）支持 CAD 文件格式建模，例如 STEP、HSF、HMF 等格式文件。

1.1.2 RoboGuide

RoboGuide（图 1-2）是一款 FANUC 自带的支持工业机器人系统布局设计和动作模拟仿真的软件，可以进行系统方案的布局设计，工业机器人干涉性、可达性分析和系统的节拍估算，还具备自动生成工业机器人的离线程序，进行工业机器人故障的诊断和程序的优化等功能。RoboGuide 的主要功能如下：

1）系统搭建：RoboGuide 提供了一个 3D 的虚拟空间和便于系统搭建的 3D 模型库。

2）方案布局设计：在系统搭建完毕后，需要验证方案布局设计的合理性。一个合理的布局不仅可以有效地避免干涉，而且可以使工业机器人远离限位位置。

3）干涉性、可达性分析：在进行方案布局过程中，不仅须确保工业机器人对工作的可达性，而且要避免工业机器人在运动过程中的干涉。

4）节拍计算与优化：RoboGuide 仿真环境下可以估算并且优化生产节拍。依据工业机器人的运动速度、工艺因素和外围设备的运行时间进行节拍估算，并通过优化工业机器人的运动轨迹来提高节拍。

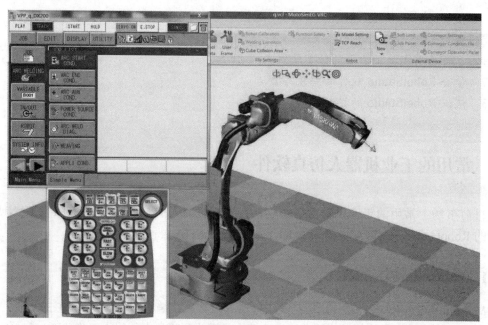

图 1-1

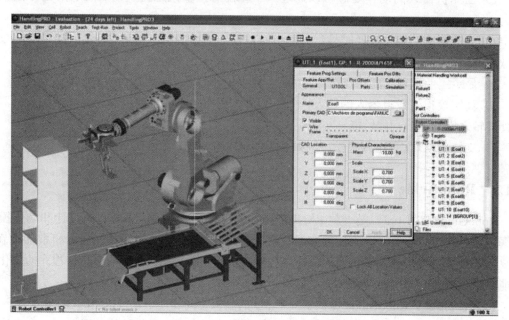

图 1-2

1.1.3　KUKA Sim

KUKA Sim（图 1-3）是 KUKA 公司用于高效离线编程的智能模拟软件。使用 KUKA Sim 可轻松快速地优化设备和工业机器人生产工艺，提高生产力以及竞争力。该软件具备直观操作方式以及多种功能和模块，操作快速、简单和高效，拥有 64 位应用程序，具有高 CAD 性能、全面的在线数据库，包含当前可用的工业机器人机型等。

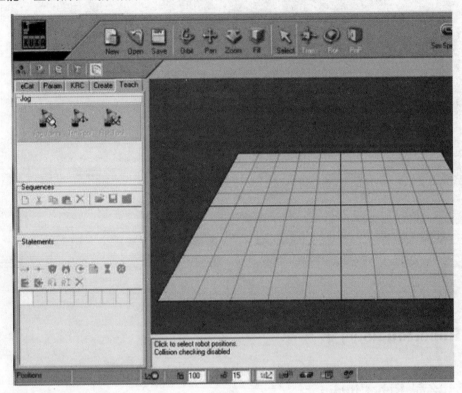

图　1-3

1.1.4　DELMIA

DELMIA（图 1-4）是一款数字化企业的互动制造应用软件。DELMIA 向随需应变和准时生产的制造流程提供完整的数字解决方案，使制造厂商缩短产品上市时间，同时降低生产成本，促进创新。

DELMIA 数字制造解决方案可以应用于制造部门设计数字化产品的全部生产流程，可在部署任何实际材料和机器之前进行虚拟演示。它们与 CATIA 设计解决方案、ENOVIA 和 SMARTEAM 的数据管理及协同工作解决方案紧密结合，给 PLM 的客户带来了实实在在的益处。结合这些解决方案，使用 DELMIA 的企业能够提高贯穿产品生命周期的协同、重用和集体创新的机会。DELMIA 运用以工艺为中心，针对用户的关键性生产工艺提供目前市场上较完整的 3D 数字化设计、制造和数字化生产线解决方案。目前，DELMIA 在国内外广泛应用于航空航天、汽车、造船等制造业支柱行业。

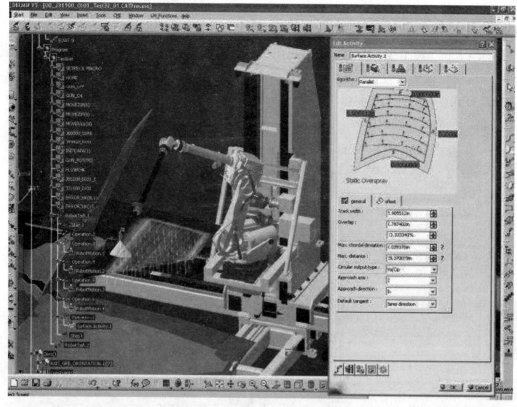

图 1-4

1.2 RobotStudio 简介

1.2.1 什么是 RobotStudio

RobotStudio 是一个 PC 应用程序，用于对工业机器人单元进行建模、离线编程和仿真。RobotStudio 提供了一些工具，可以在不干扰生产的情况下执行培训、编程和优化等任务，从而提高工业机器人系统的盈利能力。RobotStudio 的使用可以降低风险、快速启动、转换时间短、提高生产力。

RobotStudio 建立在 ABB Virtual Controller 之上，是在生产中运行工业机器人的真实软件的精确复制。使用该软件可以模拟与车间中使用的真实工业机器人程序和配置文件，从而执行非常逼真的模拟。

RobotStudio 允许使用离线控制器，即在 PC 本地运行的虚拟 IRC5 控制器。这种离线控制器也称为虚拟控制器（VC）。RobotStudio 还允许使用真实的物理 IRC5 控制器（简称为"真实控制器"）。当 RobotStudio 随真实控制器一起使用时，称它处于在线模式。当在未连接到真实控制器或在连接到虚拟控制器的情况下使用时，称 RobotStudio 处于离线模式。RobotStudio 提供以下安装选项：完整安装、自定义安装（允许自定义安装路径并选择安装内容）、最小化安装（仅允许以在线模式运行 RobotStudio）。

1.2.2　常用术语和概念

（1）硬件　硬件（Hardware）是计算机硬件的简称，是指计算机系统中由电子、机械和光电元器件等组成的各种物理装置的总称。这些物理装置按系统结构的要求构成一个有机整体，为计算机软件运行提供物质基础。

（2）RAPID 语言　RAPID 语言是 RobotStudio 的一种专用语言。

1）指令：程序由多个对机械臂工作加以说明的指令构成。不同操作对应的是不同的指令，如移动机械臂对应一个指令，设置输出对应一个指令。重置输出的指令包括一个明确要重置哪个输出的参数，如 Reset do5。这些参数的表达方式如下：

① 数值，如 5 或 4.6。

② 数据索引，如 reg1。

③ 表达式，如 5+reg1*2。

④ 函数调用，如 abs（reg1）。

⑤ 串值，如 Producing part A。

2）程序：程序分为无返回值程序、有返回值程序和软中断程序三类。

① 无返回值程序用作子程序。

② 有返回值程序会返回一个特定类型的数值，此程序用作指令的参数。

③ 软中断程序提供了一种中断应对方式，一个软中断程序对应一次特定中断，如设置一个输入，若发生对应中断，则自动执行该输入。

3）数据：数据分为多种类型，不同类型所含的信息不同，如工具、位置和负载等。由于数据是可创建的，且可赋予任意名称，因此其数量不受限（除来自内存的限制外），既可遍布于整个程序中，也可能只在某一程序的局部。某些数据可按数据形式保存信息，工具数据包含对应工具的所有相关信息，如工具的工具中心接触点及其重量等；数值数据，也有多种用途，如计算待处理的零件量等。数据有常量、变量和永久数据对象。常量表示的是静态值，只能通过人为方式赋予新值。另外，在程序执行期间，也可赋予变量一个新值。永久数据对象也可被视作"永久"变量。保存程序时，初始化值呈现的就是永久数据对象的当前值。

（3）编程　编定程序的简称，就是让计算机代为解决某个问题，对某个计算体系规定一定的运算方式，使计算体系按照该计算方式运行，并最终得到相应结果的过程。

为了使计算机能够理解人的意图，人类就必须将需解决问题的思路、方法和手段通过计算机能够理解的形式告诉计算机，使得计算机能够根据人的指令一步一步地工作，完成某种特定的任务。这种人和计算体系之间交流的过程就是编程。

（4）坐标系　为了说明质点的位置、运动的快慢、方向等，必须选取其坐标系。在参照系中，为确定空间一点的位置，按规定方法选取的有次序的一组数据叫作"坐标"。在某一问题中规定坐标的方法，就是该问题所用的坐标系。坐标系的种类很多，RobotStudio 常用的坐标系有工具中心点坐标系、RobotStudio 大地坐标系、基座（BF）、任务框（TF）等。

1）工具中心点坐标系：工具中心点坐标系（也称为 TCP）是工具的中心点。可以为一个工业机器人定义不同的 TCP。所有的工业机器人在工业机器人的工具安装点处都有一个被称为 too10 的预定义 TCP。当程序运行时，工业机器人将该 TCP 移动至编程的位置。

2）RobotStudio 大地坐标系：RobotStudio 大地坐标系用于表示整个工作站或工业机器人单元。这是层级的顶部，所有其他坐标系均与其相关（当使用 RobotStudio 时）。

3）基座（BF）：基础坐标系被称为基座（BF）。在 RobotStudio 和现实当中，工作站中的每个工业机器人都拥有一个始终位于其底部的基础坐标系。

4）任务框（TF）：在 RobotStudio 中，任务框表示工业机器人控制器大地坐标系的原点。图 1-5 说明了基座与任务框之间的差异。在图的左侧，任务框与工业机器人基座位于同一位置；在图的右侧，已将任务框移动至另一位置处。

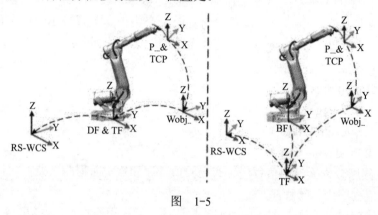

图　1-5

1.2.3　安装和激活

（1）RoboStudio 安装

1）从官网获取安装压缩包，对其进行解压，打开解压后的文件，单击"setup"（应用程序），如图 1-6 所示。

0x040a	2014/10/1 17:41	配置设置	25 KB
0x040c	2014/10/1 17:41	配置设置	26 KB
0x0407	2014/10/1 17:41	配置设置	26 KB
0x0409	2014/10/1 17:40	配置设置	26 KB
0x0410	2014/10/1 17:41	配置设置	22 KB
0x0411	2014/10/1 17:41	配置设置	25 KB
0x0804	2014/10/1 17:44	配置设置	15 KB
1031.mst	2017/5/5 18:05	MST 文件	120 KB
1033.mst	2017/5/5 18:03	MST 文件	28 KB
1034.mst	2017/5/5 18:04	MST 文件	116 KB
1036.mst	2017/5/5 18:04	MST 文件	116 KB
1040.mst	2017/5/5 18:04	MST 文件	116 KB
1041.mst	2017/5/5 18:04	MST 文件	112 KB
2052.mst	2017/5/5 18:04	MST 文件	84 KB
ABB RobotStudio 6.05	2017/5/5 17:51	Windows Install...	11,179 KB
Data1	2017/5/5 18:03	好压 CAB 压缩文件	2,097,158...
Data11	2017/5/5 18:03	好压 CAB 压缩文件	137,094 KB
Release Notes RobotStudio 6.05.SP1	2017/5/5 17:59	PDF 文件	1,654 KB
Release Notes RW 6.05	2017/4/7 22:33	PDF 文件	279 KB
RobotStudio EULA	2017/5/3 17:17	RTF 文件	120 KB
setup	2017/5/5 18:05	应用程序	1,672 KB
Setup	2017/5/5 17:15	配置设置	8 KB

图　1-6

2）从安装语言中选择"中文（简体）"，如图1-7所示。

图 1-7

3）单击"下一步"，如图1-8所示。

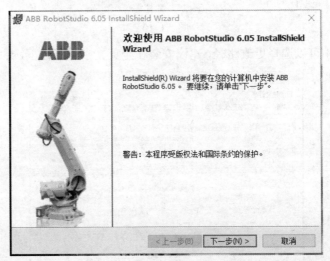

图 1-8

4）选择"我接受该许可证协议中的条款"，如图1-9所示。

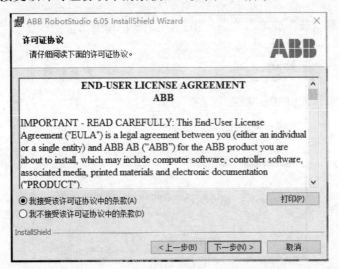

图 1-9

5）单击"下一步"，然后单击"接受"，如图1-10所示。

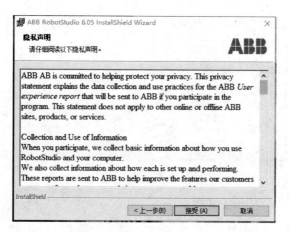

图 1-10

6）如图1-11中可以选择更改路径，建议安装在全英文字母路径下，然后单击"下一步"。

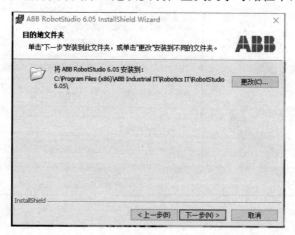

图 1-11

7）选择"完整安装"并单击"下一步"，如图 1-12 所示。

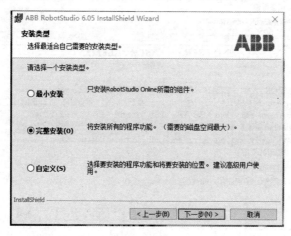

图 1-12

8）等待完成后单击"下一步"，如图 1-13 所示。

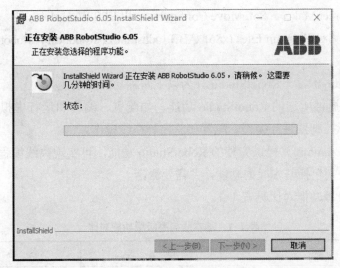

图 1-13

9）显示图 1-14 所示界面表示安装完成，若安装失败则按照上述步骤再次安装。

图 1-14

RobotStudio 安装选项说明：

1）最小安装：仅安装为了设置、配置和监控通过以太网相连的真实控制器所需的功能。

2）完整安装：安装运行完整 RobotStudio 所需的所有功能。选择此安装选项，可以使用基本版和高级版的所有功能。

3）自定义安装：安装用户自定义的功能。选择此安装选项，可以选择不安装用户不需要的工业机器人库文件和 CAD 转换器。

↘注意：

在 64 位操作系统的计算机上，若选择"完整安装"选项，将同时安装 RobotStudio 的 32 位和 64 位版本。64 位版本比 32 位版本的内存寻址能力更强，所以 64 位版本可以导入更大的 CAD 模型。但 64 位版本也存在以下限制：

1）不支持 ScreenMaker、SafeMove Configurator 和 EPS Wizard。

2）加载项将从 C:\Program Files (x86) \ABB Industrial IT\RoboticsIT \RobotStudio 6. 02\Bin64 \Addins 文件夹加载。

（2）RoboStudio 激活　RobotStudio 分为以下两种功能级别：

1）基本版：提供所选的 RobotStudio 功能，如配置、编程和运行虚拟控制器。还可以通过以太网对实际控制器进行编程、配置和监控等在线操作。

2）高级版（Premium）提供完整的 RobotStudio 功能，可实现离线编程和多工业机器人仿真。Premium 级别包括基本版的功能，并需要激活。

基本版与高级版功能对比见表 1-1。

表 1-1　基本版与高级版功能对比

功　　能	基　本　版	高　级　版
真实或虚拟工业机器人调试的必要功能，例如系统生成器、事件日志查看器、配置编辑器、RAPID 编辑器、备份 / 恢复、I/O 窗口	是	是
生产功能，例如 RAPID 数据编辑器、RAPID 比较、调整 Robtarget、RAPID Watch、RAPID 断点、信号分析器、MultiMove 工具、ScreenMaker、作业		是
基本离线功能，例如打开工作站、Unpack and Work（解压并工作）、运行仿真、转为离线、工业机器人微动控制工具、齿轮箱热量预测、ABB 工业机器人库	是	是
高级离线功能，例如图形编程、保存工作站、Pack and Go（打包带走）、导入导出几何体、导入模型库、创建工作站查看器和影片、传输		是

注：1. 要求真实工业机器人控制器系统上安装 RobotWare 选件"PC 接口"，以允许 LAN 通信。通过服务端口连接或虚拟控制器通信无须此选件。

　　2. 要求工业机器人控制器系统安装 RobotWare 选件"FlexPendant 接口"。

除了基本版和 Premium 功能外，还提供 PowerPacs 和 CAD 转换器选项等插件。

① PowerPacs 针对所选应用提供增强功能。

② CAD 转换器选项可以实现不同 CAD 格式的导入。

1.3　界面介绍

RobotStudio 软件主界面包括"文件"选项卡、"基本"选项卡、"建模"选项卡、"仿真"选项卡、"控制器"选项卡、"RAPID"选项卡和"Add-Ins"选项卡。

1）"文件"选项卡。包括创建新工作站、创造 RAPID 模块文件和控制器配置文件、连接到控制器、将工作站另存为查看器和 RobotStudio 选项，如图 1-15 所示。

2）"基本"选项卡。包括搭建工作站、创建系统、编程路径和摆放物体所需的控件等，如图 1-16 所示。

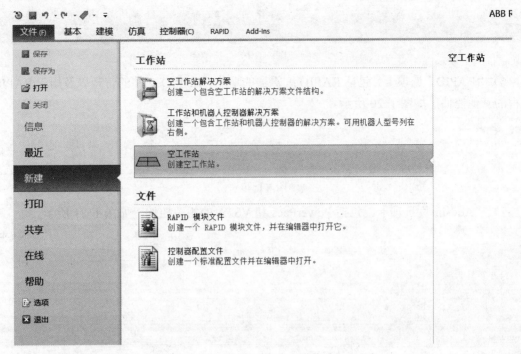

图　1-15

图　1-16

3）"建模"选项卡。包括创建和分组工作站组件、创建实体、测量，以及其他 CAD 操作所需要的控件等，如图 1-17 所示。

图　1-17

4）"仿真"选项卡。包括创建、控制、监控和记录仿真所需的控件等，如图 1-18 所示。

图　1-18

5）"控制器"选项卡。包括用于模拟控制器的同步、配置和分配给它的任务控制措施，以及用于管理真实控制器功能等，如图 1-19 所示。

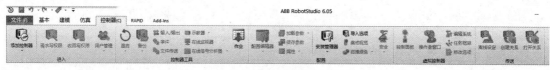

图 1-19

6）"RAPID" 选项卡。包括 RAPID 编辑器的功能、RAPID 文件的管理以及用于 RAPID 编程的其他控件，如图 1-20 所示。

图 1-20

7）"Add-Ins" 选项卡。包括 PowerPacs 和 VSTA 的相关控件，如图 1-21 所示。

图 1-21

习 题

1. 简述 RobotStudio 仿真软件的功能。
2. 简述 RobotStudio 最小安装、完整安装、自定义安装的区别。
3. 简述 "建模" 选项卡包含哪些插件。
4. 试从 ABB 模型库中导入 1 台 IRB 6660 工业机器人。

第 **2** 章

构建工业机器人工作站

本章任务

1. 掌握构建工业机器人工作站的基本方法
2. 掌握导入工业机器人和工业机器人设备的方法
3. 掌握移动摆放物体的方法
4. 理解示教器的基本功能
5. 掌握创建带导轨和带变位机的工业机器人工作站的方法
6. 掌握打包和解包的操作方法

2.1 工作站构建的基本流程

2.1.1 导入和微动工业机器人

1）工业机器人的微动需要在一个工作站环境下进行。如图 2-1 所示，创建一个空工作站。

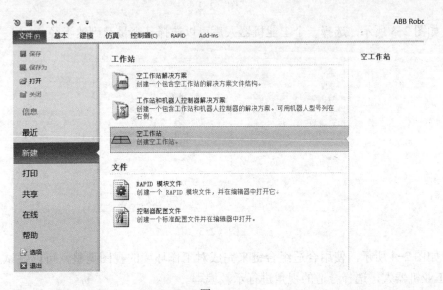

图 2-1

2）如图 2-2 所示，打开"ABB 模型库"，选择一款六自由度工业机器人，型号不限。

图　2-2

3）如图 2-3 所示，选择一个工业机器人后可以选择其容量及到达半径。

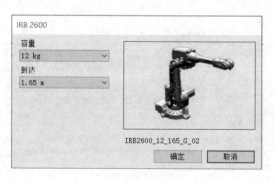

图　2-3

4）如图 2-4 所示，使用合适组合键来完成对工作环境的视图调整，可以尝试从多个角度观察工业机器人，选择合适的视角进行示教编程。

5）通过机械装置手动关节的方式点动工业机器人，分别微动工业机器人的六个轴，如图 2-5 所示。

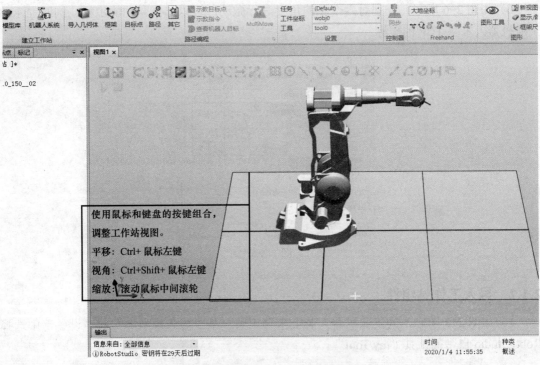

使用鼠标和键盘的按键组合，
调整工作站视图。
平移：Ctrl+ 鼠标左键
视角：Ctrl+Shift+ 鼠标左键
缩放：滚动鼠标中间滚轮

图　2-4

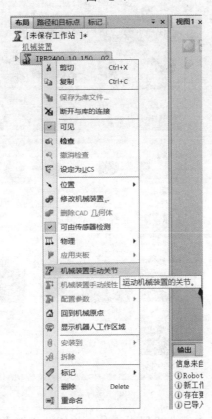

图　2-5

6) 如图 2-6 所示，分别对六个轴的角度进行微动，可以选择微动的步幅，同时显示该工业机器人末端 TCP 的坐标。

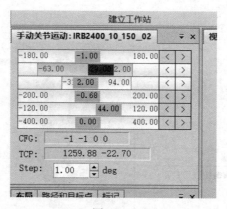

图 2-6

2.1.2 导入工作站组件

1) 如图 2-7 所示，为工业机器人装上末端工具，从"导入模型库"的"设备"中选择 RobotStudio 自带的工具"my Tool"。

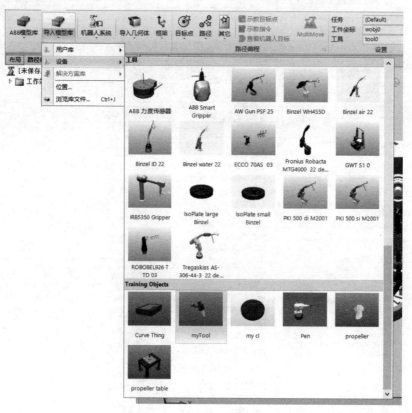

图 2-7

2) 在左侧"布局"上单击工业机器人工具，将工业机器人工具拖到目标机械臂上，如

图 2-8 所示。

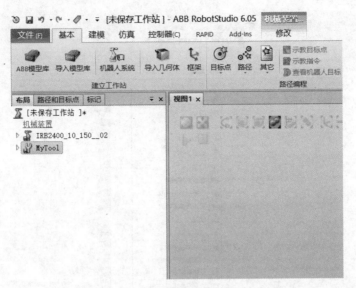

图　2-8

3）单击"是"，工业机器人工具自动安装到工业机器人末端的法兰盘上，如图 2-9 所示。

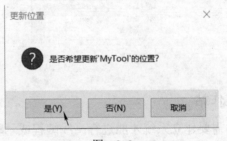

图　2-9

4）完成后如图 2-10 所示。

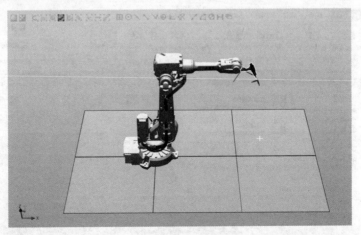

图　2-10

5）若对工具进行拆换，可以在布局中右击，然后单击"拆除"，如图 2-11 所示，此时工具回到初始坐标位置。

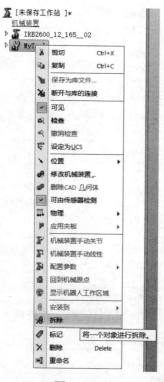

图　2-11

2.1.3　使用系统创建工作站

1）工业机器人工作站需要建立系统才能进行离线编程或示教编程，否则工业机器人只能简单的微动，无法与其他机械装置联动形成仿真。从"机器人系统"中选择"从布局 …"，如图 2-12 所示。

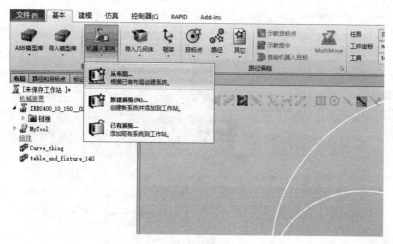

图　2-12

2）对系统的名称和存放位置进行设置后，单击"下一个"，如图 2-13 所示。

3）对系统中存在的工业机器人进行勾选，单击"下一个"，如图 2-14 所示。

图 2-13   图 2-14

4）若使用不同版本的软件，应先在选项中更改语言和工业网络，如图 2-15 和图 2-16 所示。

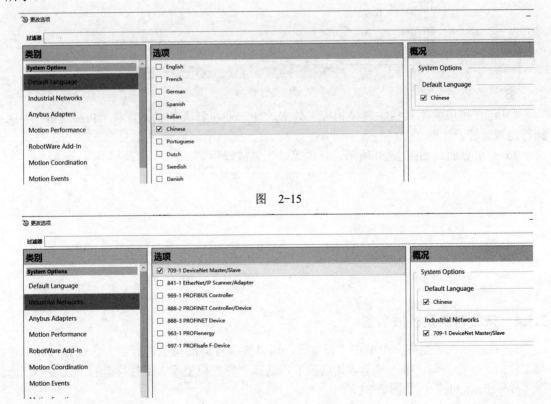

图 2-15

图 2-16

5）系统创建完成后，界面右下方由红色变为绿色，如图 2-17 和图 2-18 所示。

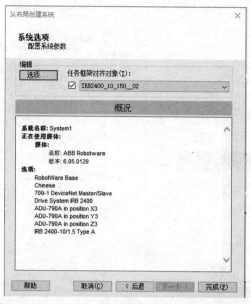

图 2-17

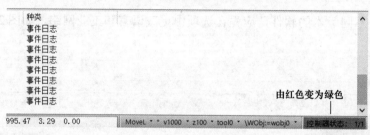

图 2-18

6）可在相应的工具栏中选择相应工具来改变工业机器人的状态。在"Freehand"中选择移动或旋转，如图 2-19 所示。

7）弹出界面，如图 2-20 所示，单击"是"完成操作。

图 2-19

图 2-20

2.1.4　摆放对象及机械装置

1）在"导入模型库"中单击"设备"，可以选择合适的模型进行导入。以导入一个带有工件的工作台为例，单击"基本"选项卡，选择"导入模型库"下拉菜单的"设备"，选择"propeller table"，如图 2-21 所示。

2）在"布局"中选中相应物体的名称，右击，选择"显示机器人工作区域"，则可以选择工业机器人的工作范围，如图 2-22 所示。

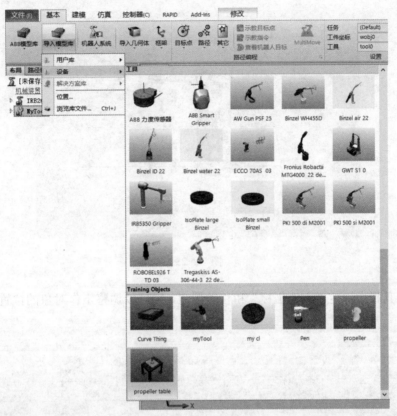

图 2-21

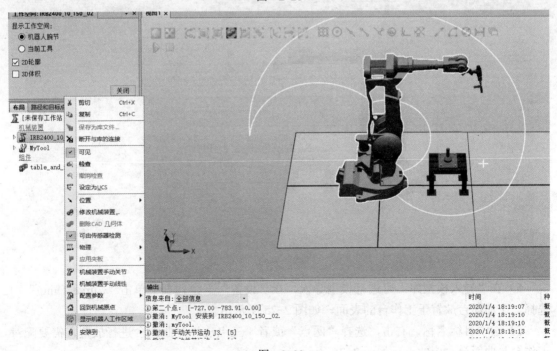

图 2-22

3）图 2-23 中显示的白线内为工业机器人的工作范围，也可以选择"3D"观察三维范围。

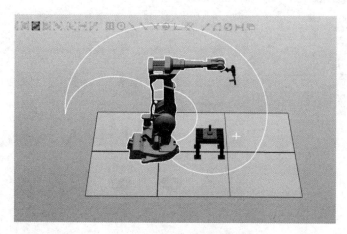

图　2-23

4）在工具栏中选定"大地坐标"和移动按钮，则可以调整工作对象的位置，如图 2-24 所示。

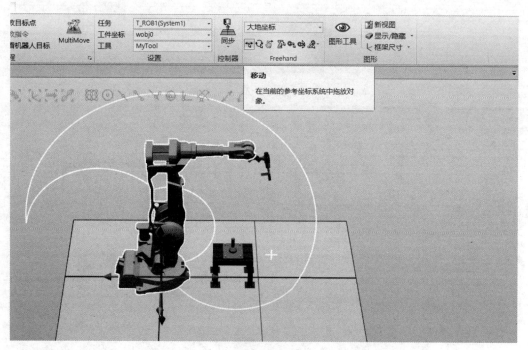

图　2-24

5）在"导入模型库"可进行模型导入，在"设备"下拉列表中单击"Curve Thing"，选择一个曲面台放置于工作台的表面，如图 2-25 所示。

6）选中目标名称，右击，选择"两点"或者"三点法"对曲面台进行放置，需要配对工作台与曲面台对应的点，如图 2-26 所示。

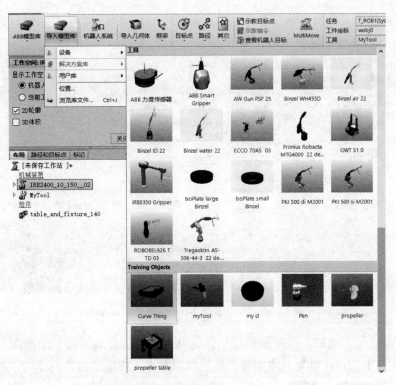

图　2-25

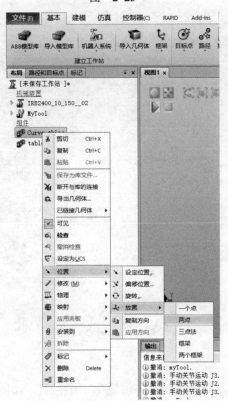

图　2-26

7）根据被放置工件的形状，选择上方工具栏中的捕捉方式，将对象的目标点捕捉，选择工具栏中的选择部件和捕捉末端，如图 2-27 所示。

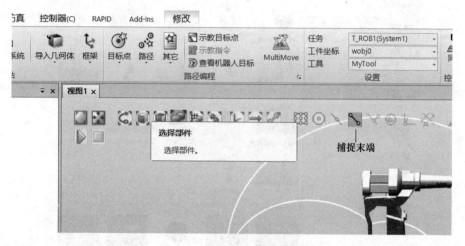

图 2-27

8）采用两点法，按照顺序对准两个物体的基准线，注意先捕捉一个曲面台上的点，再捕捉一个工作台上的点，重复上述步骤，共选择四个点。按顺序对准两个物体的基准，对齐后单击"应用"，如图 2-28 所示。

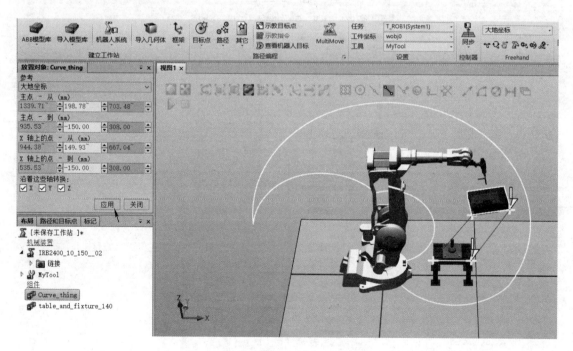

图 2-28

9）捕捉四个点后，曲面台会自动对齐放置于工作台上，如图 2-29 所示。

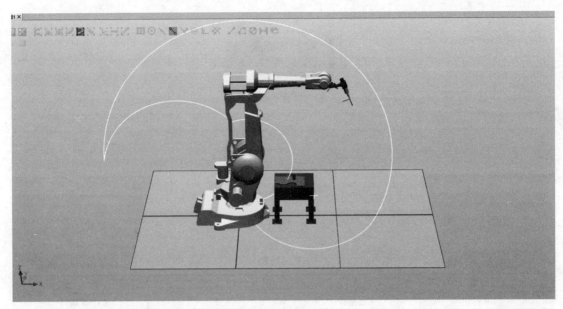

图　2-29

2.1.5　虚拟示教器

1）在"控制器"选项卡中单击"示教器"，选择"虚拟示教器"，启动虚拟示教器，如图 2-30 所示。

图　2-30

2）示教器基本实体按键功能见表 2-1（对应图 2-31）。

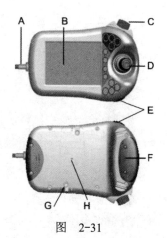

图 2-31

表 2-1

位 置	功 能	位 置	功 能
A	连接器	E	USB 端口
B	触摸屏	F	使动装置
C	紧急停止按钮	G	触摸笔
D	控制杆	H	重置按钮

3）示教器右侧按键功能见表 2-2（对应图 2-32）。

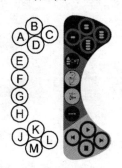

图 2-32

表 2-2

位 置	功 能
A～D	预设按键，1～4。有关如何定义其各项功能的详细信息，参见操作员手册的带 FlexPendant 的 IRC5 中的"预设按键"一节
E	选择机械单元
F	切换运动模式，重定向或线性
G	切换运动模式，轴 1～3 或轴 4～6
H	切换增量
J	步退（Step Backward）按钮。按下此按钮，可使程序后退至上一条指令
K	启动（Start）按钮。开始执行程序
L	步进（Step Forward）按钮。按下此按钮，可使程序前进至下一条指令
M	停止（Stop）按钮，停止程序执行

4）手动操作主界面如图 2-33 所示。

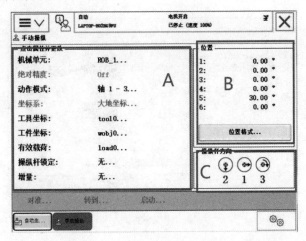

图 2-33

A—手动操纵设置窗口 B—机器人位置显示窗口 C—摇杆方向提示窗口

2.2 创建带导轨的工业机器人工作站

1）先创建一个空的工作站，并导入工业机器人模型和导轨模型。在"基本"选项卡中单击"ABB 模型库"，选择"IRB 2400"，如图 2-34 所示。

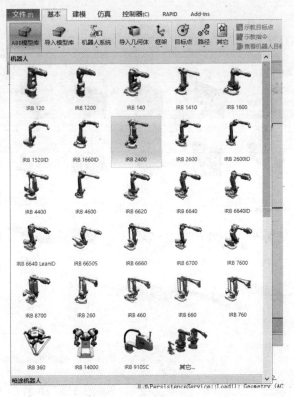

图 2-34

2）导入后，单击"确定"，如图 2-35 所示。

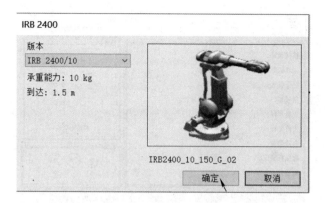

图　2-35

3）在"ABB 模型库"中选择相应导轨，如图 2-36 所示。

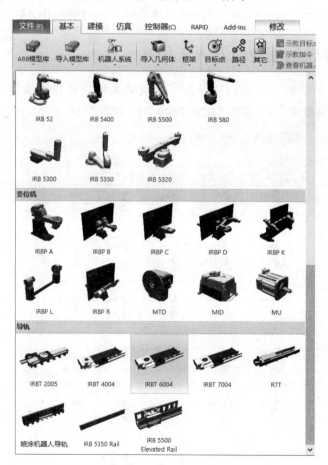

图　2-36

4）选择导轨的"轨迹长度"和"基座宽度"，如图 2-37 所示。

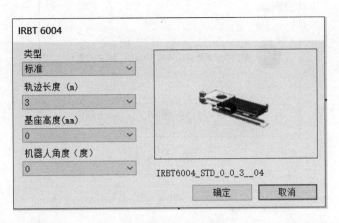

图　2-37

5）用鼠标拖住工业机器人然后放到导轨上，如图 2-38 所示，两次单击"是"，如图 2-39 和图 2-40 所示。

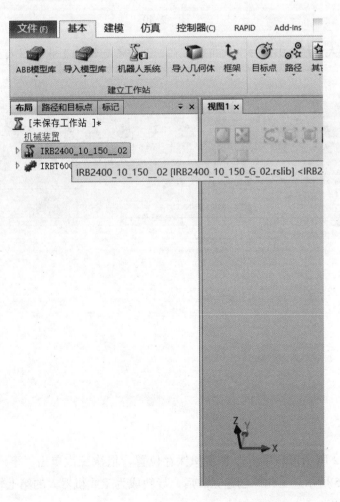

图　2-38

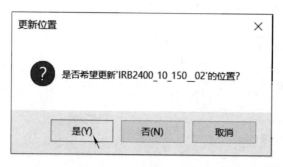

图 2-39

图 2-40

6）在"机器人系统"中选择"从布局 ..."，创建带导轨的工业机器人工作站，如图 2-41 所示。

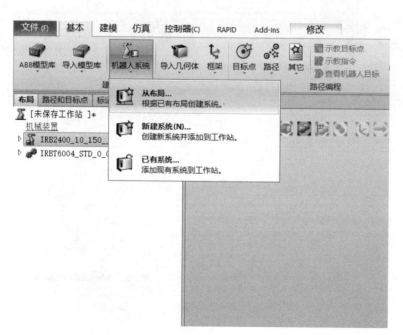

图 2-41

7）在图 2-42 所示窗口中更改名字和保存位置，依次三次单击"下一个"至完成，如图 2-42～图 2-45 所示。工作站创建完成后，导轨成为工业机器人的第七轴，辅助工业机器人沿着导轨方向移动。

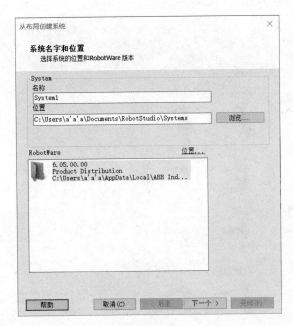

图 2-42

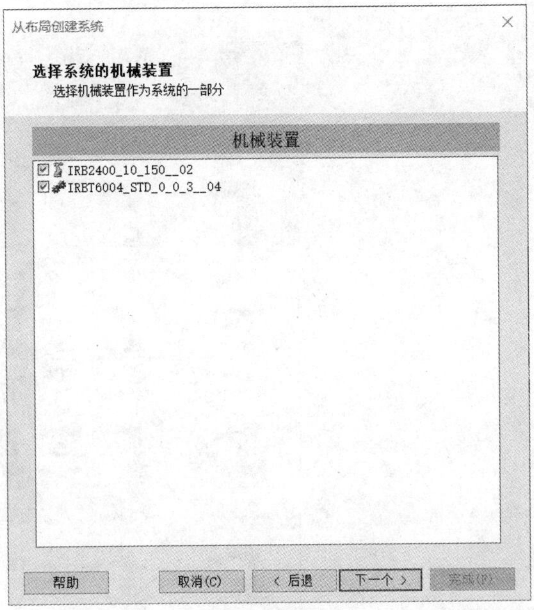

图 2-43

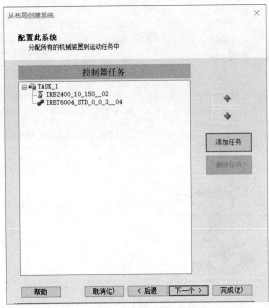

图 2-44

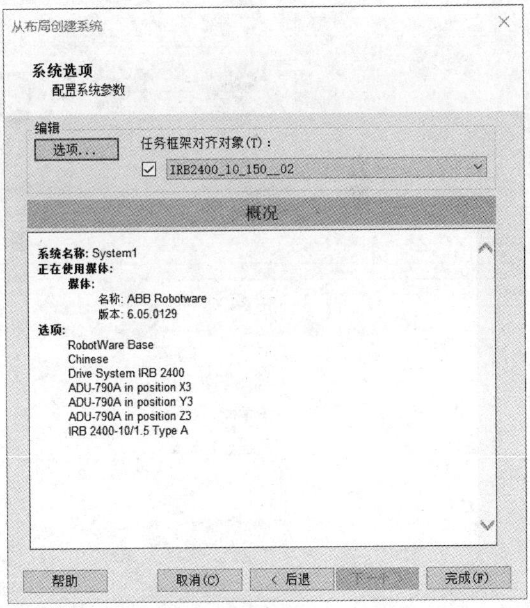

图 2-45

2.3 创建带变位机的工业机器人工作站

1）在"ABB 模型库"中选择相应的工业机器人来创建带变位机的工作站，如图 2-46

所示；选择默认规格后单击"确定"，如图 2-47 所示。

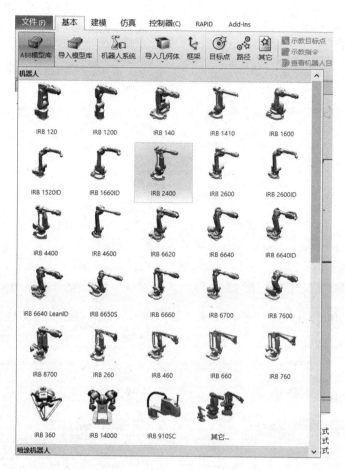

图　2-46

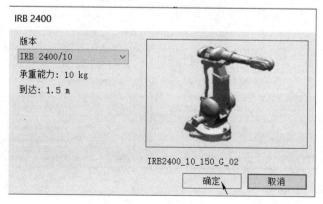

图　2-47

2）在"ABB 模型库"中选择相应的变位机，变位机的选择需要依据具体焊接或打磨工件的结构尺寸，如图 2-48 所示选择一个多轴变位机"IRBP B"；然后选择默认"承重能力"，单击"确认"，如图 2-49 所示。

图 2-48

图 2-49

3）在"布局"中找到变位机，对变位机的初始位置和旋转角度进行调整，在坐标系中设定好相应的数值，单击"应用"，如图 2-50、图 2-51 所示。

4）在"导入模型库"中单击"设备"，选择相应的焊接工具，将工具安装到工业机器人末端，然后单击"是"，如图 2-52、图 2-53 所示。

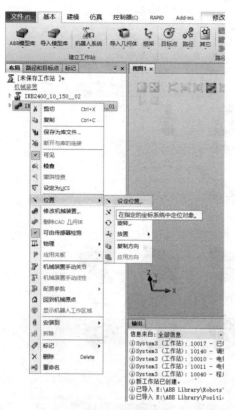

图 2-50

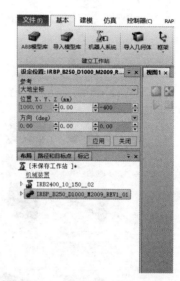

图 2-51

图 2-52

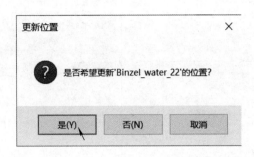

图　2-53

5）在"导入模型库"中选择一个待加工零件，再将待加工零件拖到变位机上；单击"是"，确定工件的位置选择"Irbp2508_1"，单击"确定"，如图 2-54 ～图 2-56 所示。

6）在"机器人系统"中选择"从布局 ..."，依次三次单击"下一个"，更改选项后，单击"完成"，如图 2-57 ～图 2-61 所示。

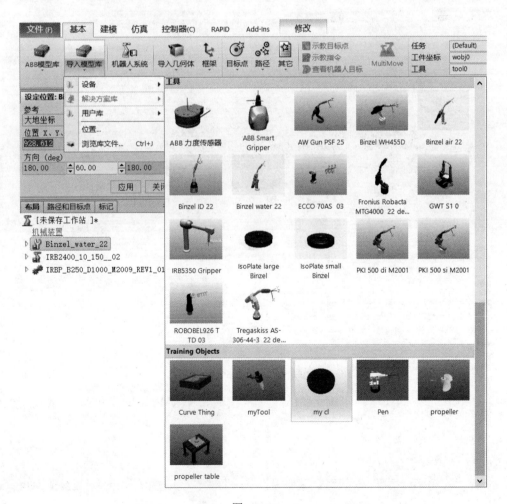

图　2-54

图　2-55

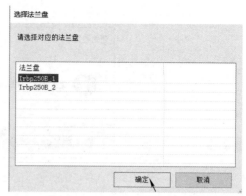

图　2-56

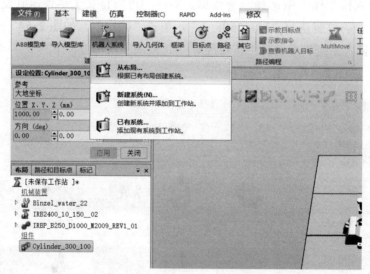

图　2-57

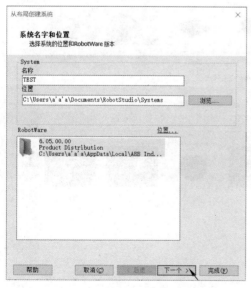

图　2-58

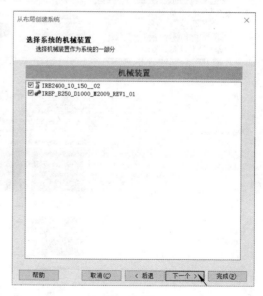

图　2-59

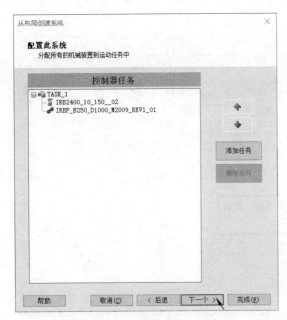

图　2-60

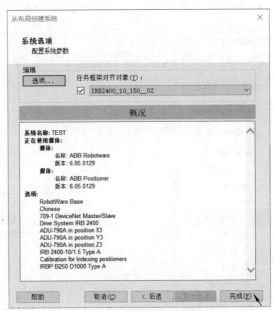

图　2-61

2.4　工作站的共享

1. 文件打包

已经完成仿真工作的工作站需要打包后才能在其他计算机上进行操作。打包工作站的
具体步骤如图 2-62 ～ 2-66 所示。

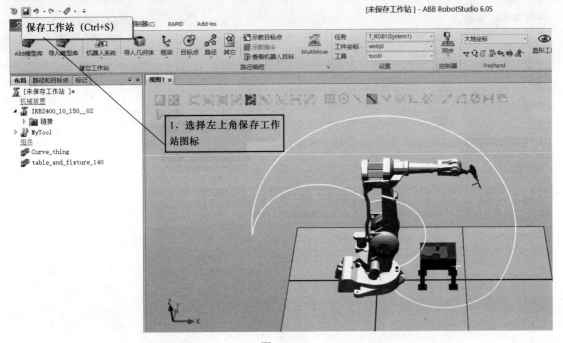

图　2-62

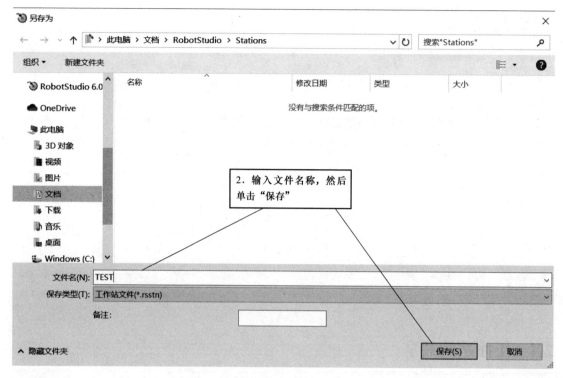

图　2-63

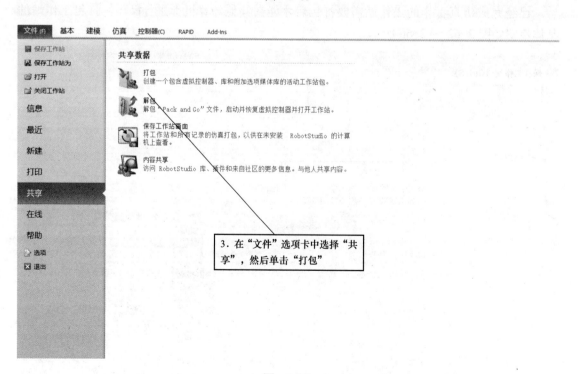

图　2-64

包
建一个包含虚拟控制器、库和附加选项媒体库的活动工作站包。

包
包 "Pack and Go" 文件，启动并恢复虚拟控制器并打开工作站。

存工作站曲曲
工作站和所有记录的仿真打包，以供在未安装 RobotStudio 的计算
上查看。

容共享
问 RobotStudio 库、插件和来自社区的更多信息。与他人共享内容。

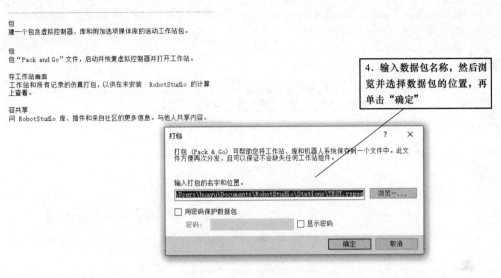

4. 输入数据包名称，然后浏览并选择数据包的位置，再单击"确定"

图 2-65

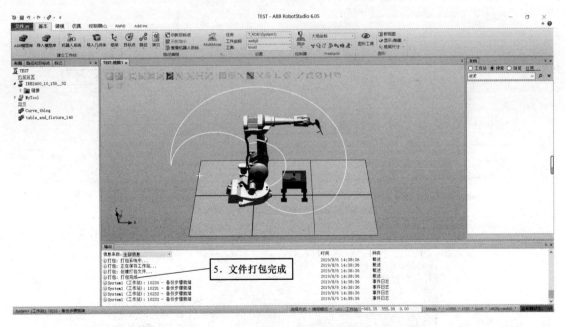

5. 文件打包完成

图 2-66

2. 文件解包

解压来自其他计算机的压缩文件，需要对文件进行解包，具体操作步骤如图 2-67 ～图 2-73 所示。

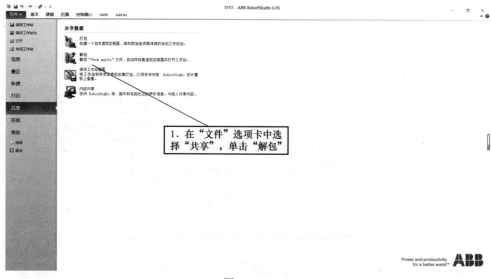

图 2-67

图 2-68

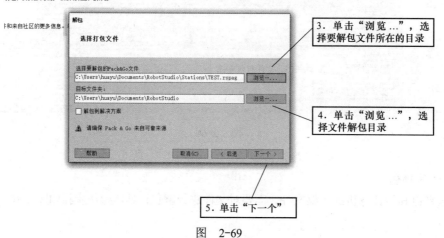

图 2-69

ack and Go"文件，启动并恢复虚拟控制器并打开工作站。

站画面
和所有记录的仿真打包，以供在未安装　RobotStudio　的计算

otStudio 库、插件和来自社区的更多信息。

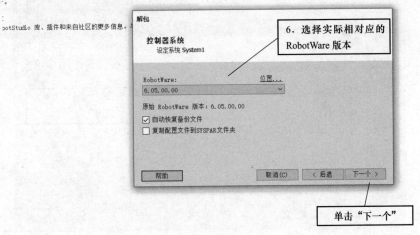

图　2-70

，启动并恢复虚拟控制器并打开工作站。

真打包，以供在未安装　RobotStudio　的计算

件和来自社区的更多信息。

图　2-71

器、库和附加项媒体库的活动工作站包。

文件，启动并恢复虚拟控制器并打开工作站。

约仿真打包，以供在未安装　RobotStudio　的计算

、插件和来自社区的更多信息。

图　2-72

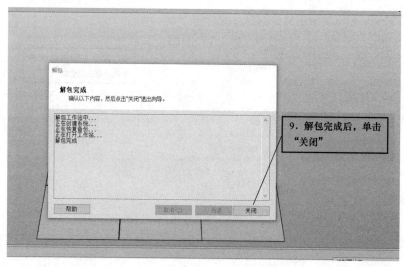

图　2-73

习　题

1. 简述在 RobotStudio 软件中有几种方式创建机器人系统，总结各种方式的特点。
2. 如何从备份中创建系统？
3. 总结"文件共享功能"的作用。
4. 总结有哪些方法可以手动操纵工业机器人。

第 ③ 章

RobotStudio 的建模功能

本章任务

1. 了解 RobotStudio 中的建模功能
2. 学会构建简单的几何体和组合体
3. 学会导入几何体和导出 RobotStudio 中的几何体

当使用 RobotStudio 进行工业机器人仿真验证时（如验证节拍、到达能力等），如果对周围的模型不需要特别精细的表述，就可以用简单的等同实际的基本模型进行替代，从而节省仿真时间。

如果需要特别精细的 3D 模型，可以用第三方建模软件（如 SolidWorks）进行建模，再将相应格式的文件导入 RobotStudio 中完成建模工作。

3.1 自带建模功能简介

3.1.1 功能图标简介

1. 创建固体功能说明

创建固体功能说明见表 3-1。

表 3-1

序 号	图 标	示 意 简 图	功 能 介 绍
1	矩形体		参考：选择要与所有位置或点关联的参考坐标系 角点（A）：单击相应框，然后在图形窗口中单击相应的角点，将这些值传送至角点框中，或者键入相应的位置，该角点将成为这个矩形体的本地原点 方向：如果对象将根据参照坐标系旋转，应指定旋转角度 长度（B）：指定该矩形体沿 X 轴的尺寸 宽度（C）：指定该矩形体沿 Y 轴的尺寸 高度（D）：指定该矩形体沿 Z 轴的尺寸
2	三点法创建立方体		参考：选择要与所有位置或点关联的参考坐标系 角点（A）：键入相关的位置，或在其中一个框中单击，然后在图形窗口中选择相应的点，该点成为立方体的本地原点 XY 平面对角线上的点（B）：此点是本地原点的斜对角。它设置了本地坐标系的 X 轴和 Y 轴方向，以及该立方体沿这些轴的尺寸。键入相关的位置，或在其中一个框中单击，然后在图形窗口中选择相应的点 Z 轴指示点（C）：此点是本地原点上方的角点，它设置了本地坐标系的 Z 轴方向，以及立方体沿 Z 轴的尺寸。键入相关的位置，或在其中一个框中单击，然后在图形窗口中选择相应的点

（续）

序　号	图　标	示意简图	功能介绍
3	圆锥体	C B A	参考：选择要与所有位置或点关联的参考坐标系 基座中心点（A）：单击相应框，然后在图形窗口中单击相应的中心点，将这些值传送至基座中心点框，或者键入相应的位置，该中心点将成为圆锥体的本地原点 方向：如果对象将根据参照坐标系旋转，应指定旋转角度 半径（B）：指定圆锥体半径 直径：指定圆锥体直径 高度（C）：指定圆锥体高度
4	圆柱体	C B A	参考：选择要与所有位置或点关联的参考坐标系 基座中心点（A）：单击相应框，然后在图形窗口中单击相应的中心点，将这些值传送至基座中心点框，或者键入相应的位置，该中心点将成为圆柱体的本地原点 半径（B）：指定圆柱体半径 直径：指定圆柱体直径 高度（C）：指定圆柱体高度
5	锥体	C B A	参考：选择要与所有位置或点关联的参考坐标系 基座中心点（A）：单击相应框，然后在图形窗口中单击相应的中心点，将这些值传送至基座中心点框，或者键入相应的位置，该中心点将成为锥体的本地原点 方向：如果对象将根据参照坐标系旋转，应指定旋转角度 中心到角点（B）：键入相关的位置，或在该框中单击，然后在图形窗口中选择相应的点 高度（C）：指锥体的高度 面数：侧面的数量，最大为50
6	球体	B B A	参考：选择要与所有位置或点关联的坐标系 中心点（A）：单击相应框，然后在图形窗口中单击相应的点，将这些值传送到中心点框，或者键入相应的位置，该中心点将成为球体的本地原点 半径（B）：指定球体的半径 直径：指定球体的直径

2. 表面建模功能说明

表面建模功能说明见表3-2。

表　3-2

序　号	图　标	示 意 简 图	功 能 介 绍
1	创建圆形表面		参考：选择要与所有位置或点关联的参考坐标系 中心点（A）：单击相应框，然后在图形窗口中单击相应的点，将这些值传送到中心点框，或者键入相应的位置，该中心点将成为圆形表面的本地原点 方向：如果对象将根据参照坐标系旋转，应指定旋转角度 半径（B）：指定圆形的半径 直径：指定圆形表面的直径
2	创建矩形表面		参考：选择要与所有位置或点关联的参考坐标系 起点（A）：单击相应框，然后在图形窗口中单击相应的点，将这些值传送到起点框，或者键入相应的位置，该起点将成为表面矩形的本地原点 方向：如果对象将根据参照坐标系旋转，应指定旋转角度 长度（B）：指定矩形的长度 宽度（C）：指定矩形的宽度
3	创建多边形		参考：选择要与所有位置或点关联的参考坐标系 中心点（A）：单击相应框，然后在图形窗口中单击相应的点，将这些值传送到中心点框，或者键入相应的位置，该起点将成为表面矩形的本地原点 第一个顶点：键入相关的位置，或在其中一个框中单击，然后在图形窗口中选择相应的点

3. 曲线建模功能说明

曲线建模功能说明见表 3-3。

表　3-3

序　号	图　标	示 意 简 图	功 能 介 绍
1	创建直线		参考：选择要与所有位置或点关联的参考坐标系 起点（A）：单击相应框，然后在图形窗口中单击相应的起点，将这些值传送至起点框 终点（B）：单击相应框，然后在图形窗口中单击终点，将这些值传送至终点框
2	创建圆		参考：选择要与所有位置或点关联的参考坐标系 中心点（A）：单击相应框，然后在图形窗口中单击相应的中心点，将这些值传送至中心点框 方向：指定圆形的坐标方向 半径（A—B）：指定圆形的半径 直径：指定圆形的直径

（续）

序　号	图　标	示　意　简　图	功　能　介　绍
3	三点创建圆		参考：选择要与所有位置或点关联的参考坐标系 第一个点（A）：单击相应框，然后在图形窗口中单击第一个点，将这些值传送至第一个点框 第二个点（B）：单击相应框，然后在图形窗口中单击第二个点，将这些值传送至第二个点框 第三个点（C）：单击相应框，然后在图形窗口中单击第三个点，将这些值传送至第三个点框
4	创建弧形		参考：选择要与所有位置或点关联的参考坐标系 起点（A）：单击相应框，然后在图形窗口中单击相应的起点，将这些值传送至起点框 中点（B）：单击相应框，然后在图形窗口中单击中点，将这些值传送至中点框 终点（C）：单击相应框，然后在图形窗口中单击终点，将这些值传送至终点框
5	创建椭圆		参考：选择要与所有位置或点关联的参考坐标系 中心点（A）：单击相应框，然后在图形窗口中单击相应的中心点，将这些值传送至中心点框 长轴端点（B）：单击相应框，然后在图形窗口中单击椭圆长轴的端点，将这些值传送至长轴端点框 短轴端点（C）：单击相应框，然后在图形窗口中单击椭圆短轴的端点，将这些值传送至短轴端点框 起始角度（α）：指定弧的起始角度，从长轴测量 终止角度（β）：指定弧的终止角度，从长轴测量
6	创建矩形		参考：选择要与所有位置或点关联的参考坐标系 起点（A）：单击相应框，然后在图形窗口中单击相应的起点，将这些值传送至起点框，以正坐标方向创建矩形 方向：指定矩形的方向坐标 长度（B）：指定矩形沿 X 轴方向的长度 宽度（C）：指定矩形沿 Y 轴方向的长度
7	创建多边形		参考：选择要与所有位置或点关联的参考坐标系 中心点（A）：单击相应框，然后在图形窗口中单击相应的中心点，将这些值传送至中心点框 第一个顶点（B）：单击相应框，然后在图形窗口中单击第一个顶点，将这些值传送至第一个顶点框。中心点与第一个顶点之间的距离将用于所有顶点 顶点：指定创建多边形时要用的顶点数。最大顶点数为 50

（续）

序　号	图　标	示意简图	功　能　介　绍
8	创建多线段		参考：选择要与所有位置或点关联的参考坐标系 点坐标：在此处指定多段线的每个节点，一次指定一个。具体方法是，键入所需的值，或者单击相应框，然后在图形窗口中选择相应的点，以传送其坐标 Add：单击此按钮，可向列表中添加点及其坐标 修改：在列表中选择已经定义的点并输入新值后，单击此按钮可以修改该点 列表：多段线的节点。要添加多个节点，单击"AddNew"（添加一个新的），并在图形窗口中单击所需的点，然后单击"Add"（添加）
9	创建样条曲线		参考：选择要与所有位置或点关联的参考坐标系 点坐标：在此处指定多段线的每个节点，一次指定一个。具体方法是，键入所需的值，或者单击相应框，然后在图形窗口中选择相应的点，以传送其坐标 Add：单击此按钮，可向列表中添加点及其坐标 修改：在列表中选择已经定义的点并输入新值后，单击此按钮可以修改该点 列表：多段线的节点。要添加多个节点，单击"AddNew"（添加一个新的），并在图形窗口中单击所需的点，然后单击"Add"（添加）

4. 边界建模功能说明

边界建模功能说明见表 3-4。

表　3-4

序　号	图　标	示意简图	功　能　介　绍
1	物体边界		要使用在物体间创建边界命令，当前工作站必须至少存在两个物体 第一个物体：单击此框，然后在图形窗口中选择第一个物体 第二个物体：单击此框，然后在图形窗口中选择第二个物体
2	表面边界		要使用在表面周围创建边框命令，工作站必须至少包含一个带图形演示的对象 选择表面：单击此框，然后在图形窗口中选择表面
3	从点生成边界		要使用从点开始创建边框命令，工作站必须至少包含一个对象 选择物体：单击此框，然后在图形窗口中选择一个对象 点坐标：在此处指定定义边框的点，一次指定一个。具体方法是，键入所需的值，或者单击相应框，然后在图形窗口中选择相应的点，以传送其坐标 Add：单击此按钮，可向列表中添加点及其坐标 修改：在列表中选择已经定义的点并输入新值后，单击此按钮可以修改该点

5. 交叉、减去、结合功能说明

交叉、减去、结合功能说明见表3-5。

表 3-5

序 号	图 标	示 意 简 图	功 能 介 绍
1	交叉		保留初始位置：选择此复选框，可在创建新物体时保留原始物体 交叉 …（A）：在图形窗口中单击要建立交叉的物体（A）。 … 和（B）：在图形窗口中单击要建立交叉的物体（B） 新物体将会根据选定物体 A 和 B 之间的公共区域创建
2	减去		保留初始位置：选择此复选框，可在创建新物体时保留原始物体 减去 …（A）：在图形窗口中单击要减去的物体（A） … 和（B）：在图形窗口中单击要减去的物体（B） 新物体将会根据物体减去 A 和 B 的公共体积后的区域创建
3	结合		保留初位置：选择此复选框，可在创建新物体时保留原始物体 结合 …（A）：在图形窗口中单击要结合的物体（A） … 和（B）：在图形窗口中单击要结合的物体（B） 新物体将会根据选定物体 A 和 B 之间的区域创建

6. 拉伸表面或曲线功能介绍

拉伸表面或曲线功能介绍见表3-6。

表 3-6

拉伸表面功能界面	操 作 步 骤
沿表面或曲线拉伸 表面或曲线： ● 沿矢量拉伸 起点（mm） 0.00　0.00　0.00 终点（mm） 0.00　0.00　0.00 ○ 沿曲线拉伸 曲线 ☑ 制作实体 清除　关闭　创建	1）在选择层工具栏中选择表面或曲线 2）在图形窗口中选择要进行拉伸的表面或曲线。单击"拉伸表面"或"拉伸曲线"，拉伸曲面或曲线界面会在建模浏览器的下方打开 3）若沿矢量拉伸，可输入相应的值；若沿曲线拉伸，选择"沿曲线拉伸"选项，然后单击"曲线"框，在图形窗口中选择曲线 4）如果要显示为表面模式，取消选中"制作实体"复选框 5）单击"创建"完成

（续）

"沿表面或曲线拉伸"界面功能介绍	说　　明
表面或曲线	表示要进行拉伸的表面或曲线。要选择表面或曲线，请先在该框中单击，然后在图形窗口中选择曲线或表面
沿矢量拉伸	可沿指定矢量进行拉伸
起点	矢量的起点
终点	矢量的终点
沿曲线拉伸	启用沿指定曲线进行拉伸
曲线	表示用作搜索路径的曲线。要选择曲线，首先，单击框然后在图形窗口中单击曲线 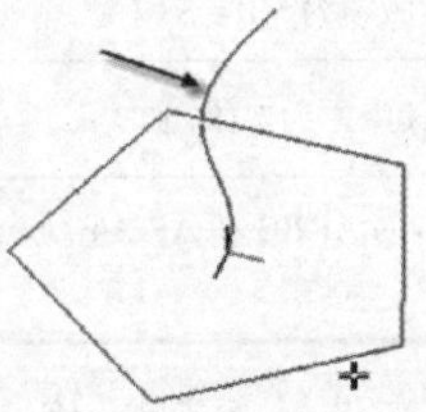
制作实体	选中此复选框可将拉伸形状转换为固体

7. 从法线生成直线建模功能介绍

从法线生成直线建模功能介绍见表 3-7。

表　3-7

从法线生成直线建模功能界面	操作步骤
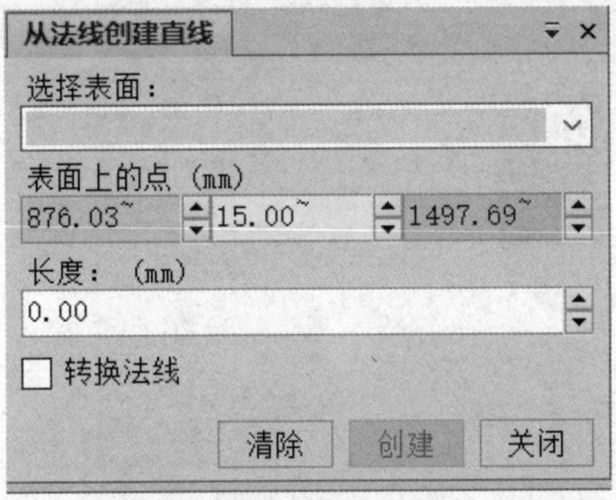	1）在层工具栏中选择法线创建直线图标 2）在"选择表面"框中选中法线所在平面 3）在图形窗口中选择要进行拉伸的曲线 4）在"长度"框中，指定直线长度，如有需要，勾选"反转法线"复选框反转直线方向 5）单击"创建"

3.1.2　兼容的 3D 格式

如果需要特别精细的 3D 模型，可以用第三方建模软件进行建模，再将相应格式的文件导入 RobotStudio 中完成建模工作。表 3-8 为几种常见的 3D 模型文件格式。

表 3-8

三维软件版本	文件扩展名
ACIS，可读版本为 R1 ～ R24，可写版本为 V6、R10、R18 ～ R25	sat
CATIA V4，可读版本为 4.1.9 ～ 4.2.4	model, exp
CATIA V5/V6，可读版本为 R8 ～ R25（V5–6R2015），可写版本为 R16 ～ R25（V5–V6R2015）	CATPart,CATProduct, CGR
AutoCAD，可读版本为 2.52014	dxf, dwg
Inventor，可读版本为 V6 ～ V2015	ipt
Parasolid，可读版本为 9.0.* ～ 27.0.*	x_t, xmt_txt, x_b, xmt_bin
Pro/E/Creo，可读版本为 16– Creo3.0	prt, asm
SolidEdge，可读版本为 V18– ST7	par, asm, psm
SolidWorks，可读版本为 V18– ST7	sldprt, sldasm
STEP，可读版本为 AP203 和 AP214（仅支持几何体），可写版本为 AP214	stp, step, p21

要将这些文件导入 RobotStudio 中，可使用"导入几何体"功能。

3.2 构建几何体实例

下面学习图 3-1 所示三种形状模型的构建。

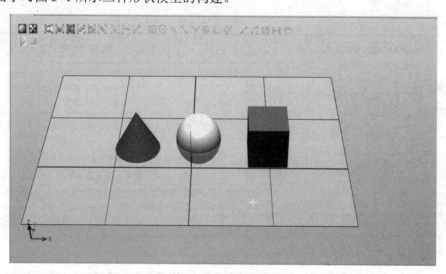

图 3-1

3.2.1 单个几何体的创建

单个几何体的创建过程如图 3-2 ～图 3-6 所示。

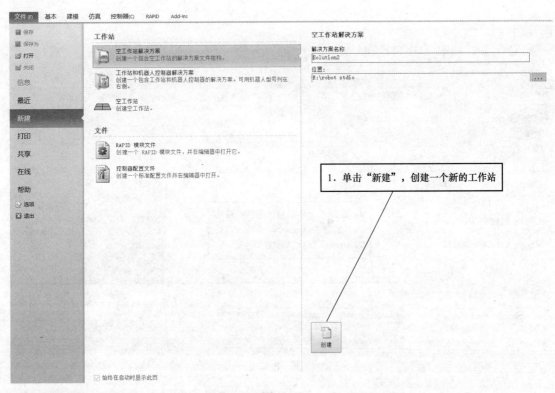

图　3-2

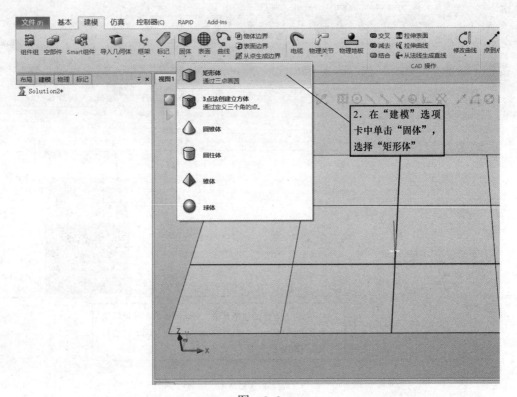

图　3-3

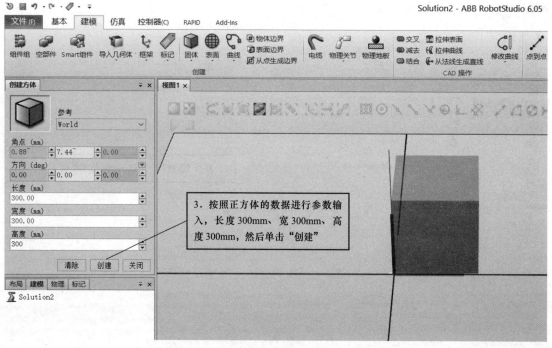

图　3-4

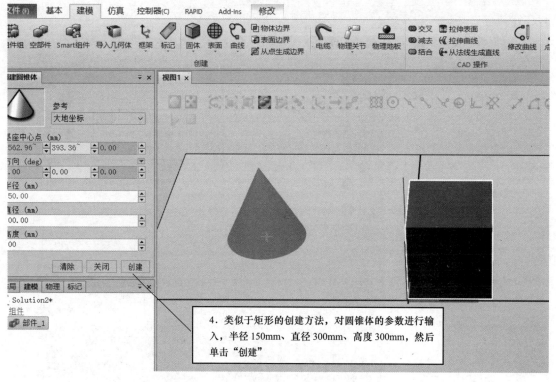

图　3-5

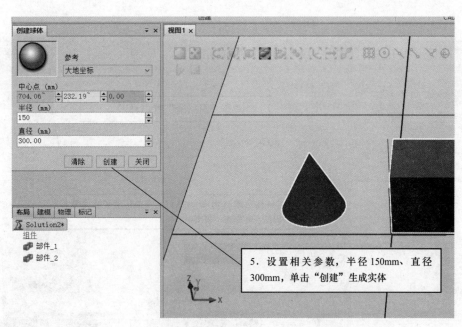

图　3-6

3.2.2　构建一个简单的组合体

通过前面的学习已经构建了 3 个简单的几何体，接下来通过"位置"功能将 3 个独立的几何体组合起来，具体操作过程如图 3-7 ～图 3-12 所示。

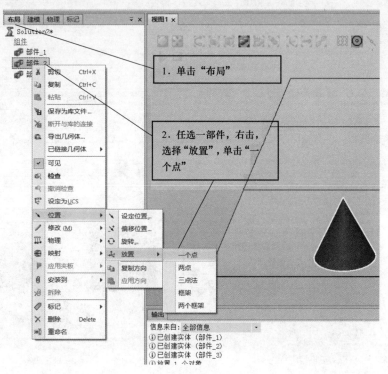

图　3-7

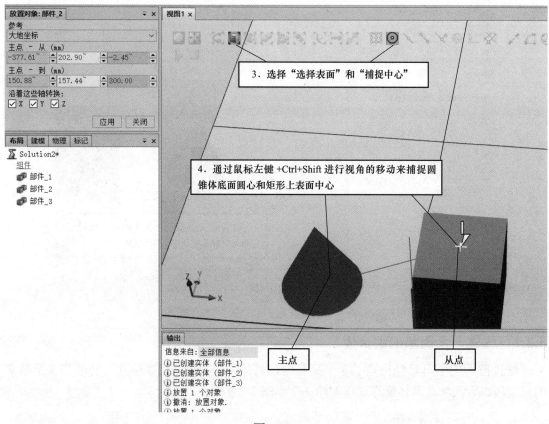

图　3-8

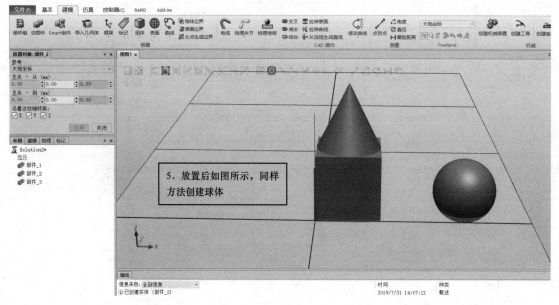

图　3-9

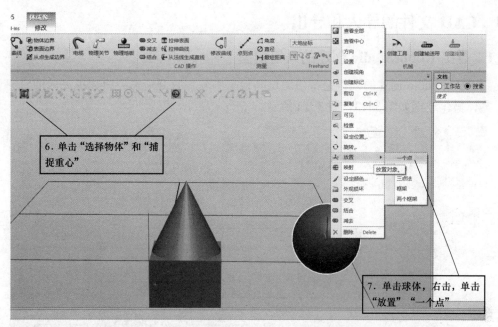

图　3-10

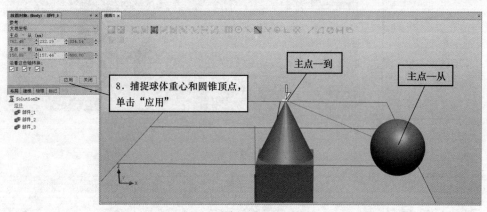

图　3-11

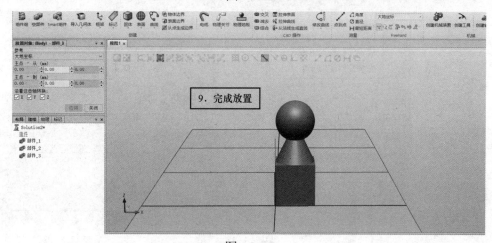

图　3-12

3.3　CAD 文件的导入和导出

3.3.1　导出 RobotStudio 创建的几何模型

用 RobotStudio 创建的几何模型想通过其他三维软件打开，需要将建模完成的几何体导出，具体操作过程如图 3-13、图 3-14 所示。

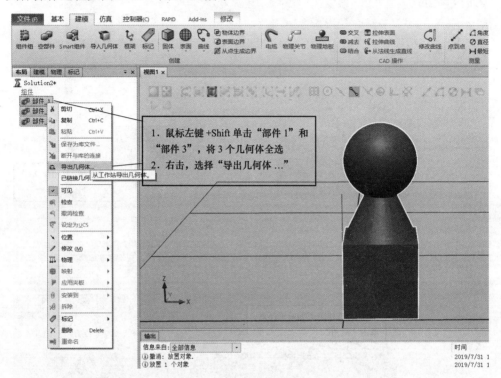

图　3-13

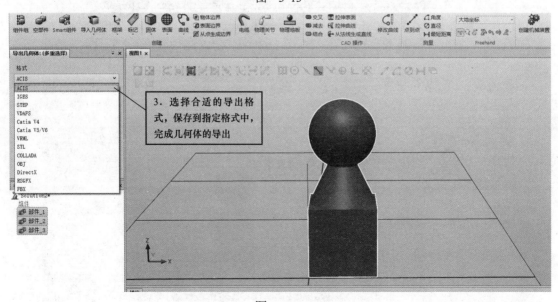

图　3-14

3.3.2　导入几何体

1. 导入模型库

具体操作步骤如下：

1）导入 ABB 工业机器人模型库文件。单击"基本"选项卡，选择"ABB 模型库"，如图 3-15 所示。

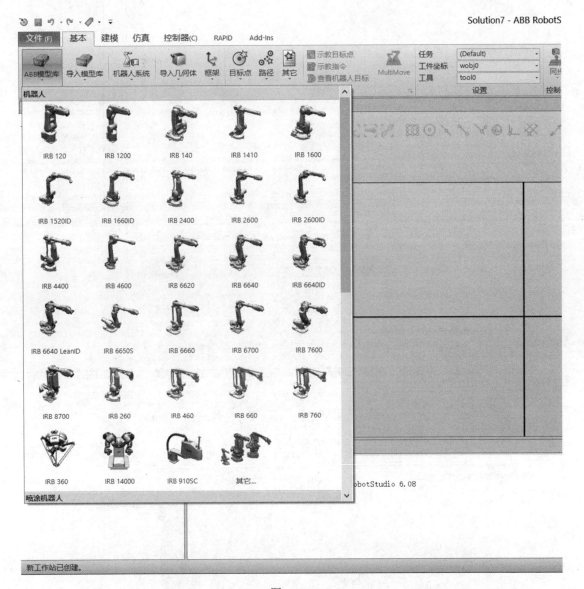

图　3-15

2）导入 ABB 专用设备库。单击"基本"选项卡，选择"导入模型库"，选择"设备"，如图 3-16 所示。

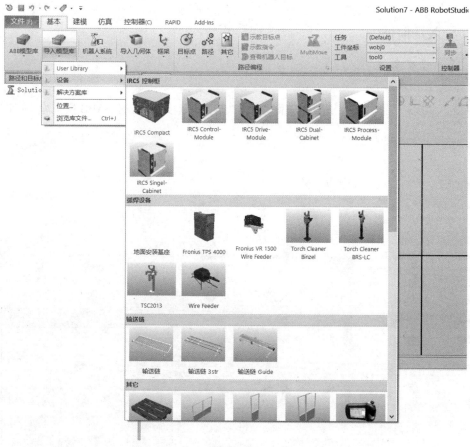

图 3-16

2. 导入其他格式的几何体

具体操作步骤如下:

1) 单击"基本"选项卡,选择"导入几何体",选择"浏览几何体…",如图 3-17 所示。

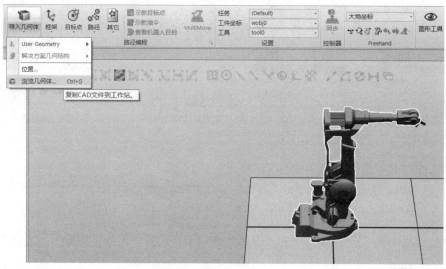

图 3-17

2）选择要导入的文件，单击"打开"，如图 3-18、图 3-19 所示。

| | pentu1 | 2019/7/31 16:35 | 标准 ACIS 文字 | 176 KB |
| | pentu1.STEP | 2019/7/31 16:35 | STEP 文件 | 236 KB |

图　3-18

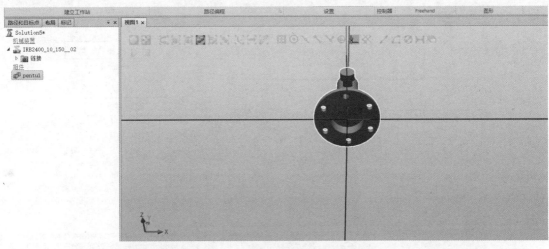

图　3-19

3.4　测量工具的使用

3.4.1　测量矩形体的高度

正确使用测量工具进行测量操作，学会合理地运用各种选择部件和捕捉模式。测量矩形体高度的步骤如图 3-20 所示。

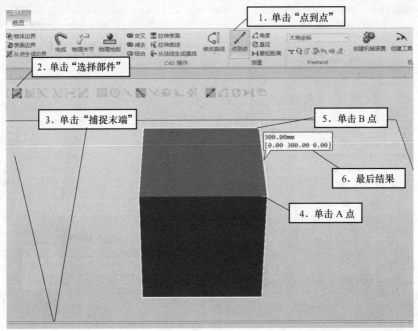

图　3-20

3.4.2　测量锥形的角度

测量锥形角度的步骤如图 3-21 所示。

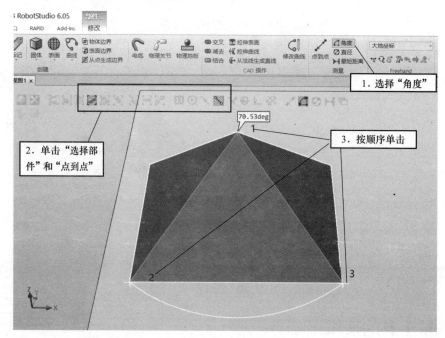

图　3-21

3.4.3　测量圆柱体直径

测量圆柱体直径的步骤如图 3-22 所示。

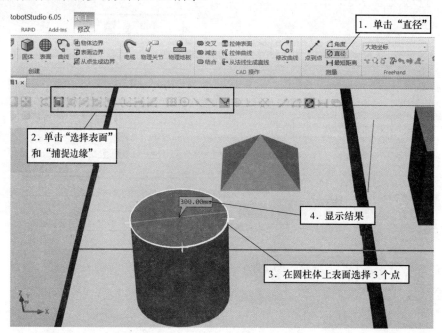

图　3-22

3.4.4 测量最短距离

测量最短距离的步骤如图 3-23 所示。

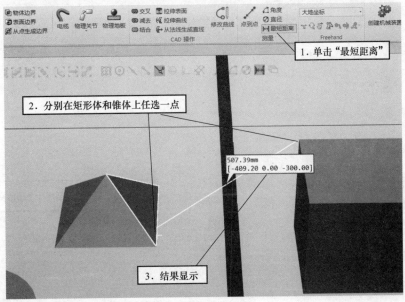

图 3-23

3.5 创建机械装置

在工作站的仿真中，为了达到更好的仿真效果，会制作一些传送带、夹具和滑台等布置在工业机器人周围。下面通过创建一个滑动装置来介绍如何创建一个机械装置。图 3-24 为创建完成的效果。具体创建步骤如图 3-25 ～图 3-38 所示。

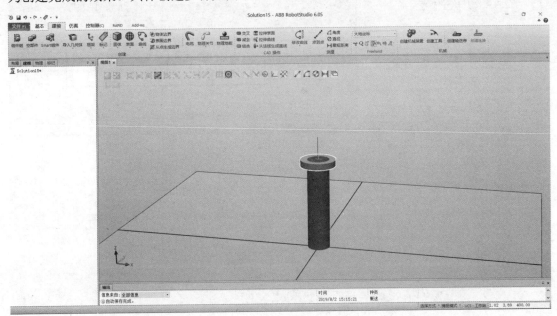

图 3-24

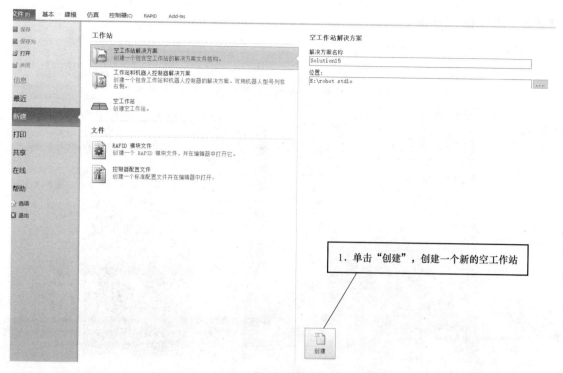

图 3-25

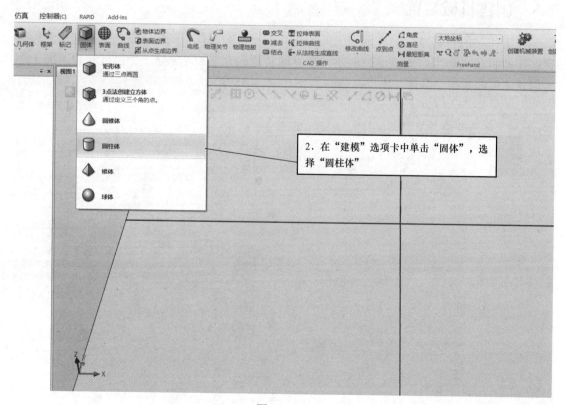

图 3-26

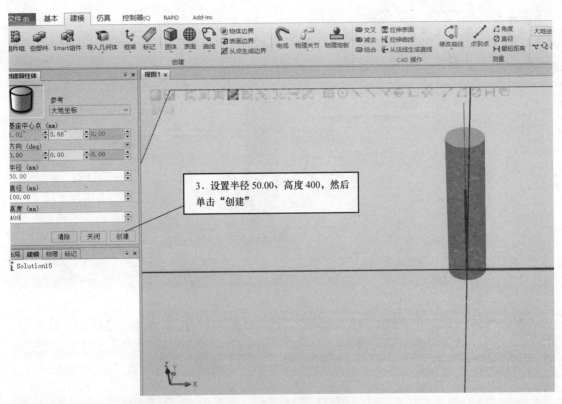

图 3-27

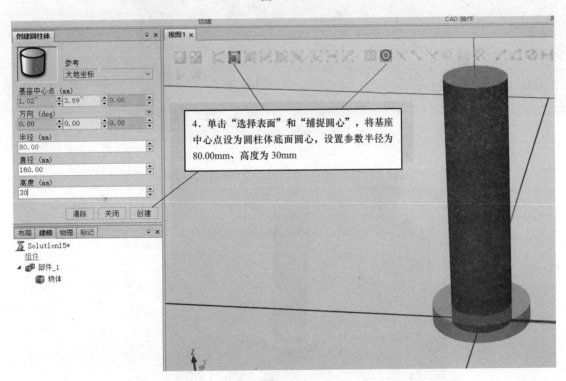

图 3-28

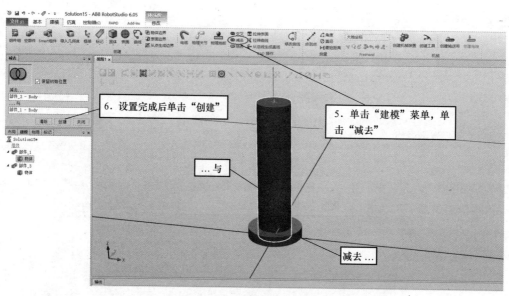

图 3-29

删去"部件_3",将"部件_4"染成黄色,这样就得到环与杆了,如图3-30、图3-31 所示。

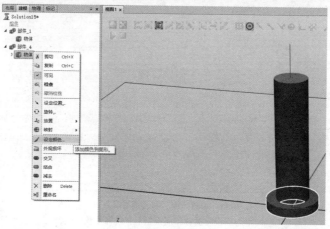

图 3-30

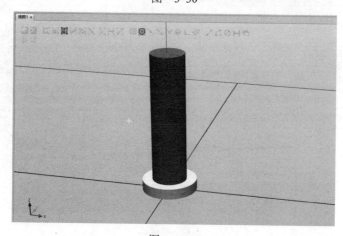

图 3-31

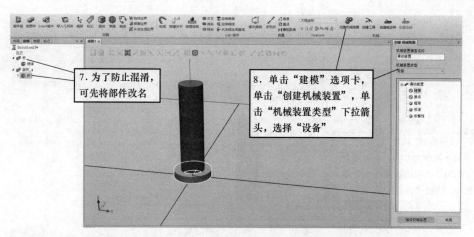

图　3-32

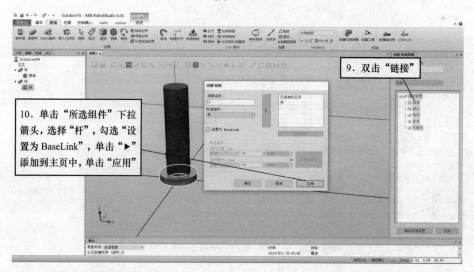

图　3-33

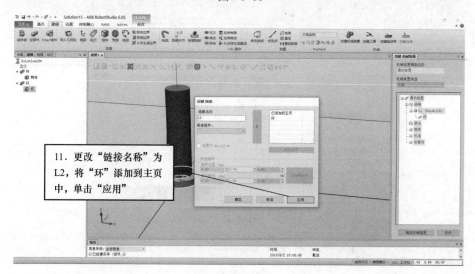

图　3-34

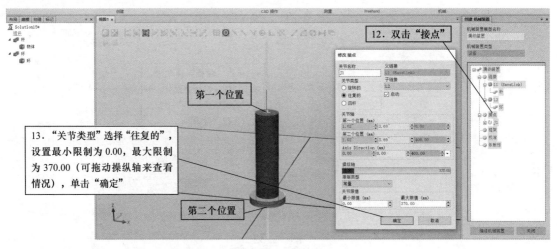

图 3-35

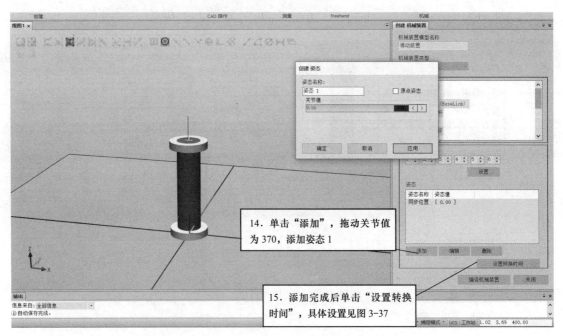

图 3-36

图 3-37

如无特殊设置，单击"确定"即可完成机械装置的创建。

机械装置创建完成后，单击"建模"选项卡，单击"Freehand"中的"手动关节"，可用鼠标上下拖动环，如图 3-38 所示。

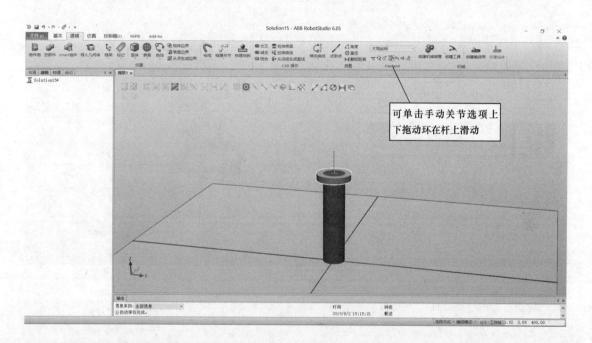

可单击手动关节选项上下拖动环在杆上滑动

图 3-38

3.6 创建工业机器人用具

在仿真模拟时，希望工业机器人法兰盘末端安装用户自定义的工具，希望自定义的工具能够像 RobotStudio 建模库中的工具一样，自动安装到工业机器人法兰盘末端且保证坐标方向一致，还能自动生成工作坐标。接下来我们学习如何将导入的 3D 文件创建成工业机器人用具。

1. 设定工具的本地原点

工具安装过程中的安装原理为：工具模型的本地坐标系与工业机器人的法兰盘坐标系 Tool0 重合，工具末端的工具坐标系框架即作为工业机器人的工具坐标系，所以需要对用户自定义模型做两步图形处理。首先在工具法兰盘段创建本地坐标系框架，之后在工具末端创建工具坐标系框架。这样用户自定义工具就有了跟系统库里默认的工具相同的属性。

设定工具的本地原点的步骤如图 3-39 ~ 图 3-44 所示。

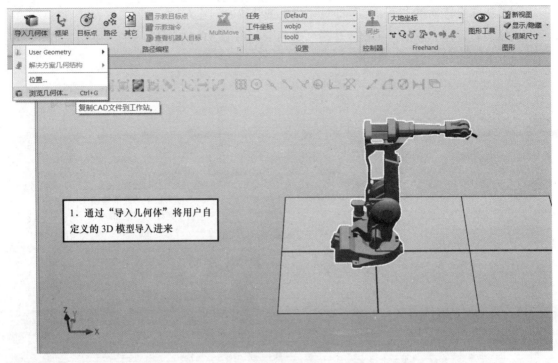

图 3-39

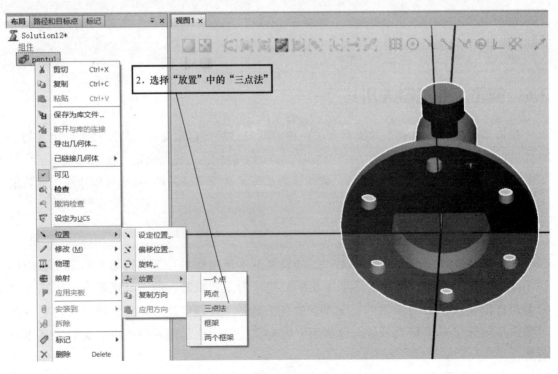

图 3-40

为方便安装对称结构的工具，可将工具底面的几何中心放置到大地坐标原点。先从工具底面选择中心点对准大地原点；然后分别从 X 轴、Y 轴选择两点对应大地坐标 X、Y 轴相应位置。

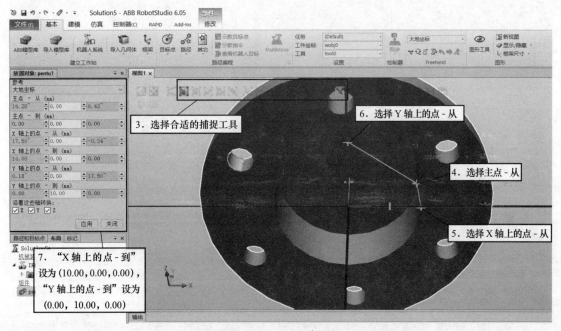

图　3-41

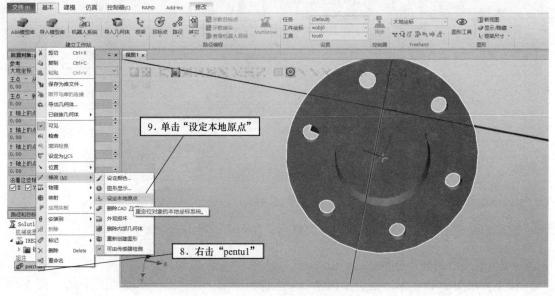

图　3-42

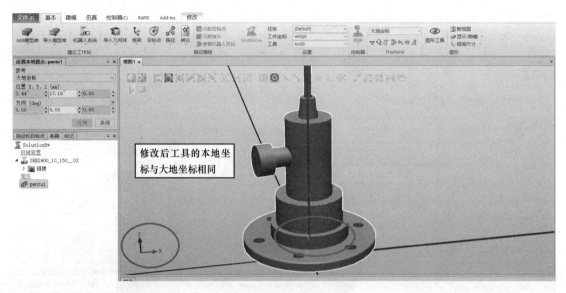

图   3-43

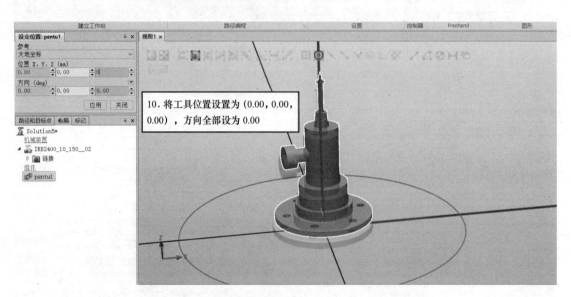

图   3-44

这样就完成了该工具模型本地坐标的原点设置和坐标系方向设置。

2. 创建工具坐标系框架

接下来在图 3-45 所示方框位置创建一个坐标系框架。具体操作步骤如图 3-46～图 3-49 所示。

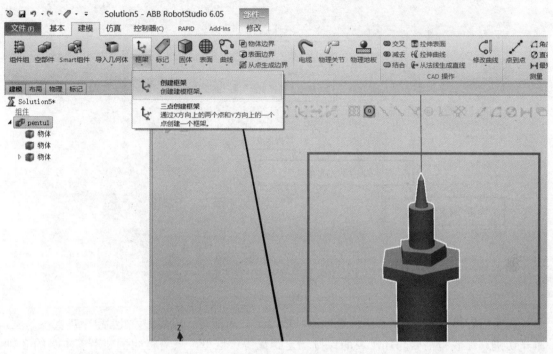

图　3-45

1. 在"建模"选项卡中单击"框架"
下拉菜单的"创建框架"

图　3-46

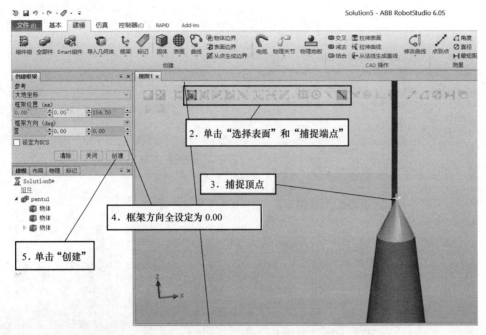

2. 单击"选择表面"和"捕捉端点"

3. 捕捉顶点

4. 框架方向全设定为 0.00

5. 单击"创建"

图　3-47

在实际应用过程中，工具坐标系原点一般与工具末端有一段间距，如焊枪中焊丝的长度，激光切割、涂胶枪需要与加工表面保持一定距离等。这里，只需将此框架沿着本身的 Z 轴正向移动一定距离就能满足实际要求。

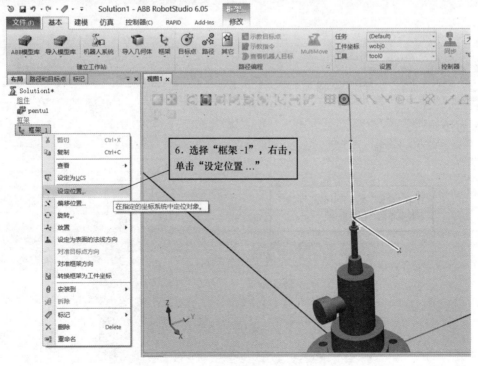

6. 选择"框架 -1"，右击，单击"设定位置 …"

在指定的坐标系统中定位对象。

图　3-48

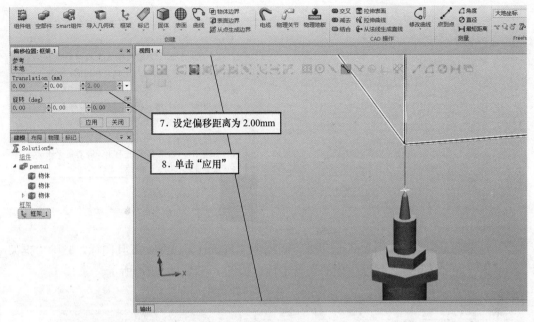

图　3-49

至此，已完成工具坐标系框架的建立。

3. 创建工具及工具坐标系

在创建出符合要求的辅助坐标框架后，利用此框架作为工具坐标系框架，创建出工具及工具坐标系。

1）创建工具的具体操作步骤如图 3-50、图 3-51 所示。

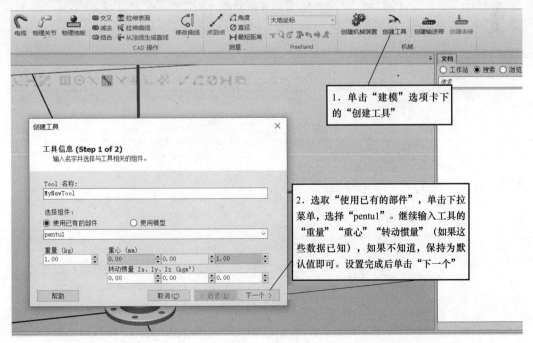

图　3-50

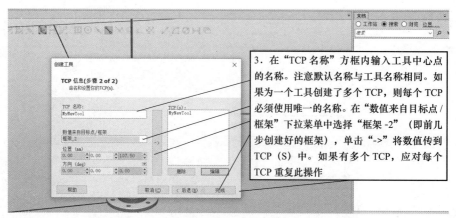

图　3-51

2）单击"完成"，工具随即被创建，可看到"Pentu1"已变为工具图标。删除"框架_2"，双击"Pentu1"可看到已生成的工具坐标，如图 3-52、图 3-53 所示。

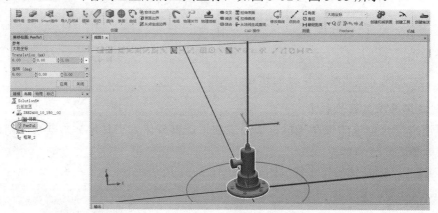

图　3-52

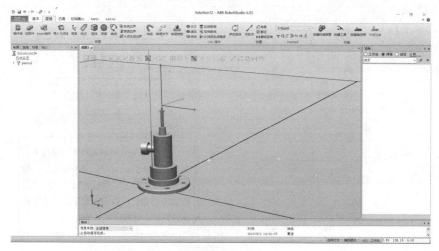

图　3-53

3）选中工具"Pentu1"不松开，将其拖放到工业机器人 IRB2400_10_150__02 处，弹出"更新位置"界面，选择"是（Y）"，如图 3-54 所示。

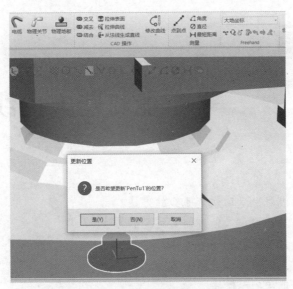

图　3-54

4）由图 3-55 可知已经正确将该工具安装到工业机器人的法兰盘上，安装位置和姿态也是预期的。

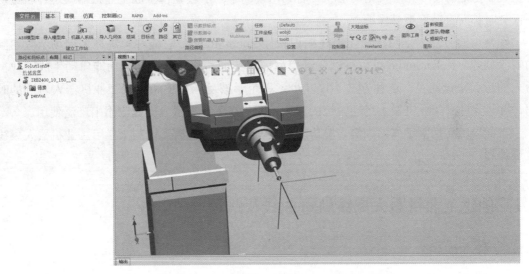

图　3-55

习　题

1．试创建两个半径为 30mm、高为 20mm、中心距为 40mm 的圆柱体，并创建其公共区域的模型。

2．简述设定工具的本地原点作用。

3．请用软件自带建模功能创建一个简易真空吸盘模型，并将该模型创建成工具安装至工业机器人末端法兰盘。

第 **4** 章

工业机器人离线轨迹编程

本章任务

1. 掌握创建工业机器人运动轨迹曲线的方法
2. 掌握自动生成工业机器人轨迹曲线路径的方法
3. 掌握工业机器人目标点的调整方法
4. 掌握工业机器人轴配置参数调整方法
5. 理解离线轨迹编程的关键点

在工业机器人应用中，对于简单的直线或圆弧，通过现场示教就可生成工业机器人运行轨迹。但是对于一些不规则的形状，若采用现场手动示教编程生成工业机器人运行轨迹，不仅耗时长而且精度不易保证。

现常用的方法为采用图形化离线编程软件 RobotStudio，它能够解决许多现场示教遇到的棘手问题。RobotStudio 可以根据三维模型曲线特征，利用自动路径功能自动生成工业机器人的运行轨迹路径。这种方法不仅减少了逐个示教目标点位和生成工业机器人轨迹的时间，并且保证了工业机器人运动轨迹的精度，因此在工业机器人行业应用中广泛使用。

下面以激光切割工作站为例，模仿字母"WU HAN"的激光切割来学习工业机器人离线轨迹编程。

4.1 创建工业机器人离线轨迹曲线及路径

4.1.1 导入模型

1. 新建空工作站，并保存

略。

2. 导入工业机器人模型

在"基本"选项卡下的"ABB 模型库"中单击"IRB 1410"，导入 ABB 工业机器人模型，如图 4-1 所示。

3. 导入并安装工具

1) 单击"基本"选项卡下"导入模型库"中的"设备"，选择机器人雕刻工具"myTool"，如图 4-2 所示。

2) 在左侧的"布局"选项卡中,单击"MyTool"不动并拖拽到"IRB 1410_5_144_01"上,在弹出的"更新位置"界面选择"是",如图 4-3 所示。

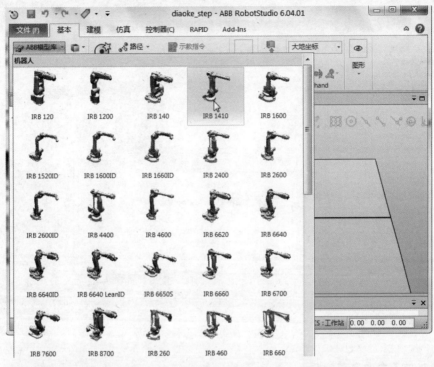

图 4-1

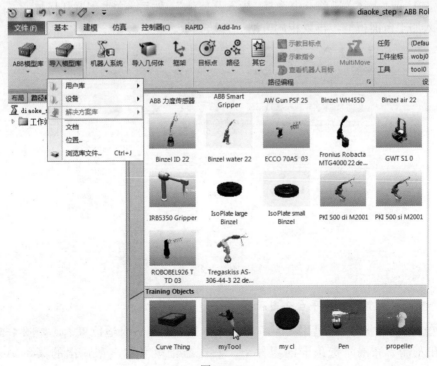

图 4-2

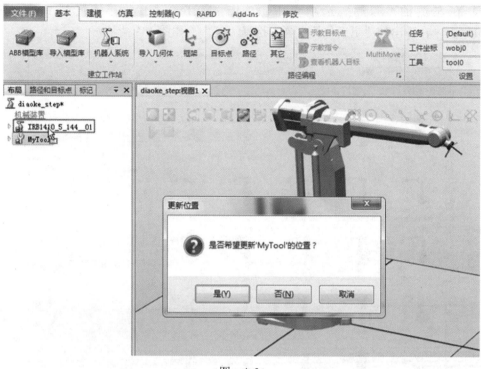

图　4-3

4．导入加工台面及雕刻板

在"建模"或"基本"选项卡中选择"导入几何体"，然后选择"浏览几何体…"，如图4-4所示，导入加工台面模型。再以相同方法导入雕刻板。

图　4-4

5．将雕刻板放置到加工平台合适位置上

1）通过移动，将导入模型移动到工业机器人工作范围内合适位置上，如图4-5所示。

2）在左侧"布局"选项卡的组件中，右击雕刻板名称，在弹出的菜单中选择"位置"→"放置"→"一个点"，选择捕捉方式为"　"，如图4-6所示。

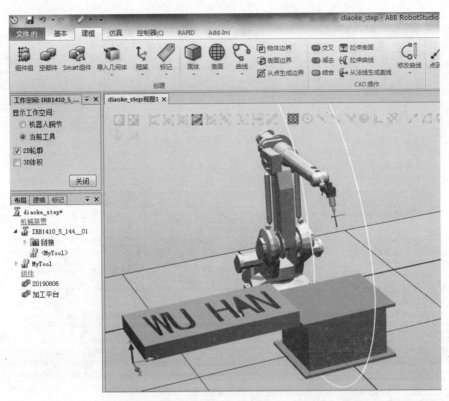

图　4-5

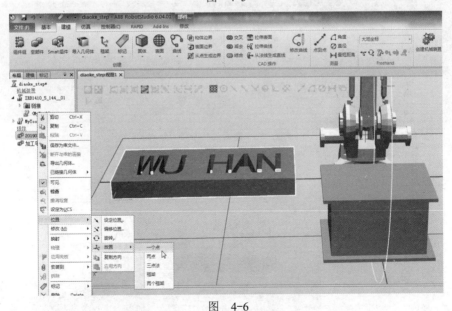

图　4-6

3）将光标定位到左上"主点 - 从"，在右侧视图区中单击雕刻板下方中心点位置，记录主点起始位置坐标，如图4-7所示。光标定位到左上"主点 - 到"，在右侧视图区中单击加工平台台面中心点位置，记录主点放置位置坐标，如图4-8所示。再单击"应用"，雕刻板便放置到加工平台上。

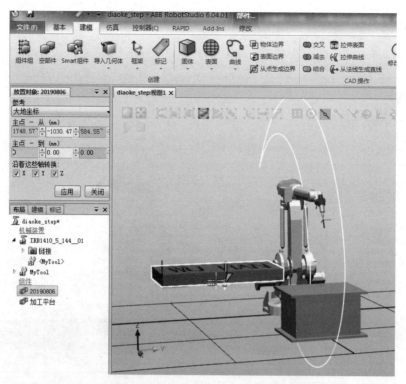

图 4-7

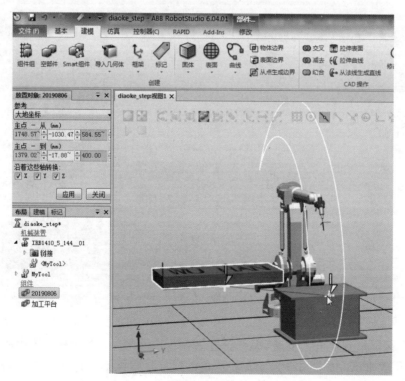

图 4-8

4）在左侧"布局"选项卡的组件中，右击雕刻板名称，在弹出的菜单中选择"位置"→

"偏移位置 …"，弹出"偏移位置"界面，在"Translation(mm)"的 X 方向输入"–50"，将雕刻板放置到平台中心位置，依次单击"应用""关闭"，如图 4-9 所示。

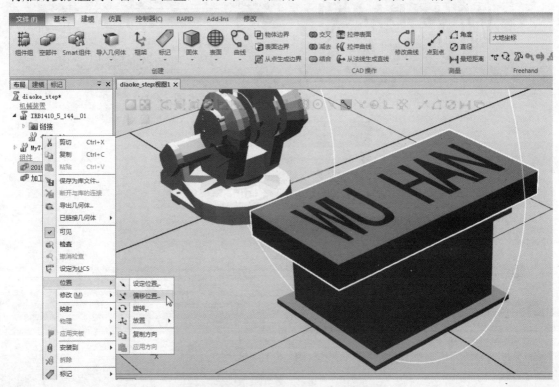

图　4-9

6. 创建工业机器人工作站系统

略。

4.1.2　创建工业机器人激光切割曲线

1. 创建表面边界

在"建模"选项卡中，单击"表面边界"，选择表面捕捉工具，单击"选择表面"输入框，选择工件上表面，在"选择表面"界面单击"创建"，部件_2 即为生成的轨迹曲线，如图 4-10 ～图 4-12 所示。

图 4-10

图 4-11

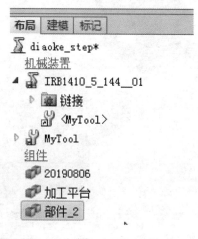

图 4-12

2. 创建工件坐标系

根据生成的轨迹曲线自动生成工业机器人的运行轨迹，通常需要创建用户坐标系以方便进行编程以及路径修改。创建工件坐标系的具体步骤如下：

1）单击"基本"选项卡"其它"下的"创建工件坐标"，如图 4-13 所示。

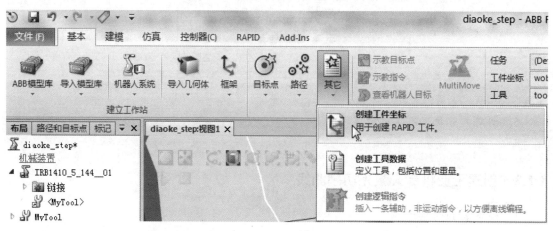

图 4-13

2）在左侧"创建工件坐标"界面中，修改工件坐标名称，在"用户坐标框架"的"取点创建框架 …"下拉列表中选择"三点"，如图 4-14 所示。

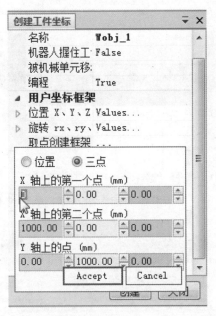

图 4-14

3）选择捕捉末端工具，按照图 4-15 所示依次捕捉三个点位，单击"Accept"，然后单击"创建"。

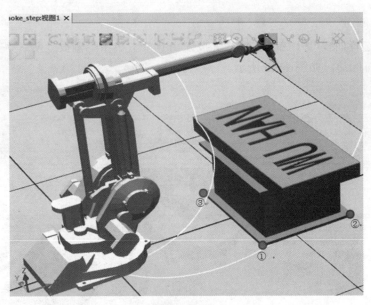

图 4-15

3. 修改工件坐标、工具坐标及运动指令参数

1）在"基本"选项卡的"设置"中，选择"Wobj_1"工件坐标系和"MyTool"工具，如图 4-16 所示。

2）在软件右下角运动指令设定栏更改参数设置，该参数影响自动路径功能产生的运动指令，如运动速度、转弯半径等，如图 4-17 所示。

图 4-16　　　　　　　　　　　　　　图 4-17

4.1.3　自动生成路径

1）在"基本"选项卡中，选择"路径"→"自动路径"，如图 4-18 所示。

2）在"自动路径"界面中，单击"参照面"输入框，选择捕捉表面工具，单击工具表面，如图 4-19 所示。

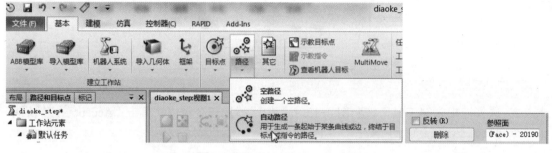

图 4-18　　　　　　　　　　　　　　图 4-19

3）选择"选择曲线"和"捕捉边缘"，按住 Shift 键，单击雕刻板上 WU 字符任意一条边，自动获取该字符的边，如图 4-20 所示。

图 4-20

4）修改自动路径其他参数，如近似值参数、最小距离、公差等，单击"创建"。

5）路径创建完毕，打开左侧"路径和目标点"选项卡下的"Path_10"，可以看到已经自动生成了相关的工业机器人指令，如图 4-21 所示。

图 4-21

4.2 目标点调整及轴配置参数

4.2.1 目标点调整

在自动路径生成目标点后，需确定目标点的工具姿态，因为工业机器人不一定能够到达自动路径生成的目标点。

1）在调整目标点的过程中，为了便于查看工具在此姿态下的效果，可以在目标点位置右击，选择"查看目标处工具"，显示出工具，如图 4-22 所示。

2）在末端工具姿态难以达到目标点时，可以通过选中目标点，右击，选择"修改目标"，单击"旋转"改变该目标的姿态，从而使工业机器人能够到达目标点。

3）修改其他目标点，可直接批量处理，将剩余所有目标点的 X 轴方向对准已调整好姿态的目标点 Target_10 的 X 轴方向。选择其余目标点，右击，选择"修改目标"中的"对准目标点方向"，如图 4-23 所示。在"对准目标点：（多种选择）"界面中，"参考"选择"T_ROB1/Target_10"，单击"应用"，如图 4-24 所示。

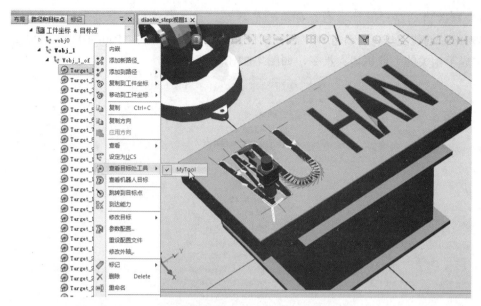

图　4-22

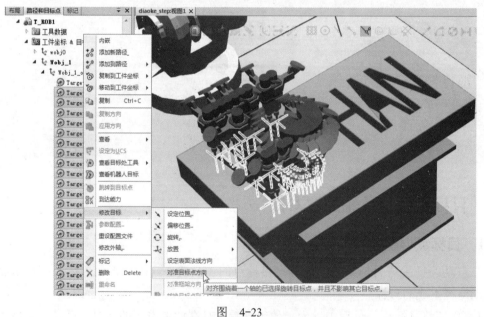

图　4-23

图　4-24

4.2.2　轴配置参数

工业机器人顺利到达各个目标点还需要多个关节轴配合运动，因此需要对多个关节轴配置参数。具体操作如下：

1）右击目标点"Target_10"，单击"参数配置 ..."，如图 4-25 所示。

2）在弹出的"配置参数：Target_10"界面中选择合适的轴配置参数，单击"应用"，如图 4-26 所示。在选择配置时右边工业机器人会出现姿态变换。

选择轴配置参数时，应选各关节值靠中的轴配置选项，这样工业机器人在运动时不容易出现关节达到限位值。

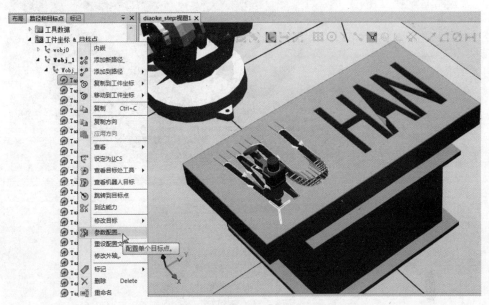

图　4-25

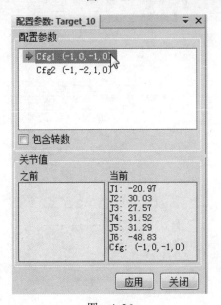

图　4-26

3）右击"路径与步骤"下的"Path_10"，选择"配置参数"下的"自动配置"，如图 4-27 所示。工业机器人将自动跑完整个路径，显示每个目标点的姿态。

4）右击"Path_10"，选择"到达能力"，验证工业机器人路径是否正确，如图 4-28 所示。

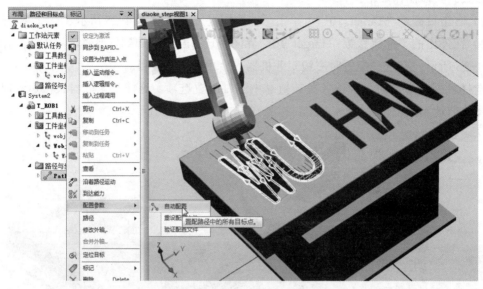

图　4-27

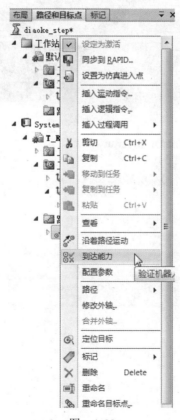

图　4-28

5）右击"Path_10"，选择"沿着路径运动"，如图 4-29 所示。

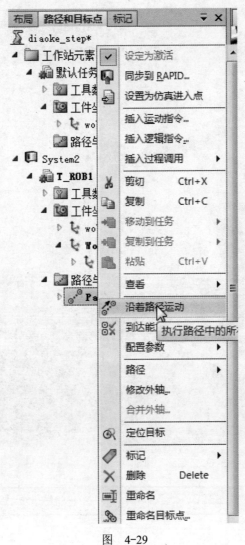

图 4-29

4.3 优化工作站程序

轨迹完成后，接下来完善程序，需要添加轨迹起始接近点、轨迹结束离开点等，使运动轨迹更加合理。具体步骤如下：

1）选择"基本"选项卡下"Freehand"的"手动线性"，将工业机器人末端移动到轨迹起始点位置，如图 4-30 所示。

2）修改软件右下角运动指令设定栏参数，如将指令修改为 MoveJ 等，如图 4-31 所示。

3）选择"基本"选项卡下"路径编程"的"示教指令"，如图 4-32 所示，在"Path_10"最后添加一条 MoveJ 指令。将该指令移动到第一条指令位置处。

4）以相同方式再添加一条轨迹结束离开点指令。

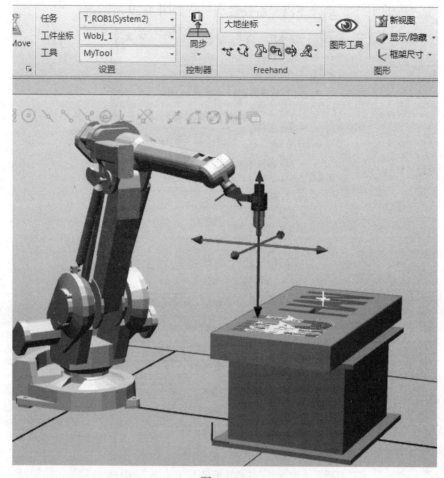

图 4-30

图 4-31

图 4-32

4.4 仿真视频的录制

1）在"基本"选项卡下单击"同步"下的小三角，选择"同步到 RAPID…"，如图 4-33 所示。在弹出界面的"同步"选项下全部勾选，单击"确定"，将程序同步到控制器中，如图 4-34 所示。

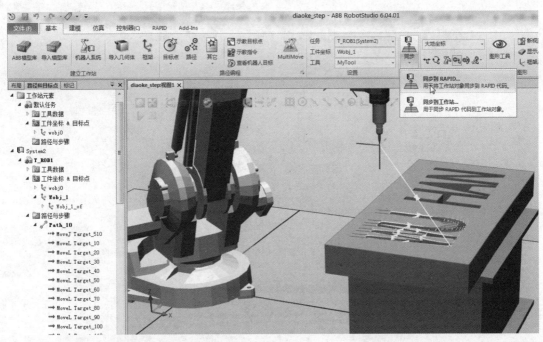

图　4-33

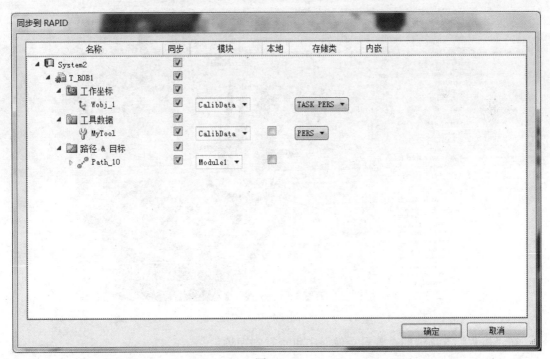

图　4-34

2）在"仿真"选项卡下单击"仿真设定"，在弹出的界面中，"进入点"选择
Path_10，单击"关闭"，如图 4-35 所示。

3）单击"仿真"选项卡下的"播放"，工业机器人沿着工件边缘运行一周，如图 4-36
所示。

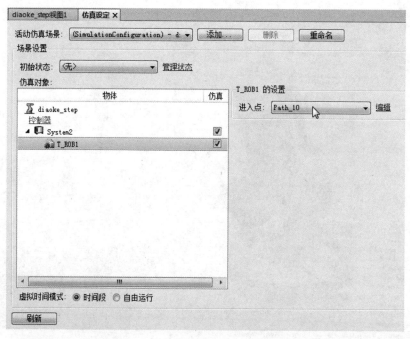

图 4-35

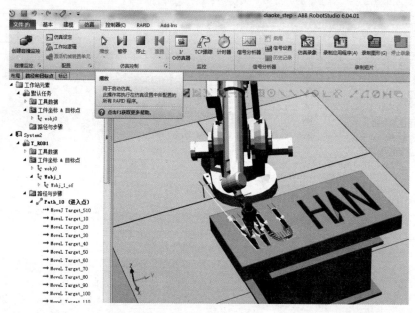

图 4-36

在"仿真"选项卡的"查看录像"中可查看到视频。

习　题

1. 完成拼音"HAN"的路径创建，并将"WU"与"HAN"两条路径连续仿真。
2. 试着创建操作者本人中文名字的 SolidWorks 模型，并导入完成激光切割的离线编程。

第 5 章

事件管理器的应用

本章任务

1．了解事件管理器的组成及主要功能
2．掌握事件管理器的使用方法
3．学会利用事件管理器构建简单机械运动

5.1 事件管理器主要功能

在 RobotStudio 中，事件管理器简单易学，合理使用事件管理器可以方便地制作各种简单的仿真动画。事件管理器与 Smart 组件的主要区别见表 5-1。

表 5-1

对　象	事件管理器	Smart 组件
使用难度	简单，容易掌握	需要系统学习后使用
特点	适合制作简单的动画	适合制作复杂的动画
适用范围	动作简单的动画仿真	需要逻辑控制的动画仿真

在 RobotStudio 仿真软件中，事件管理器主要由 1 任务窗格、2 事件网格、3 触发编辑器、4 动作编辑器等部分组成，如图 5-1 所示。

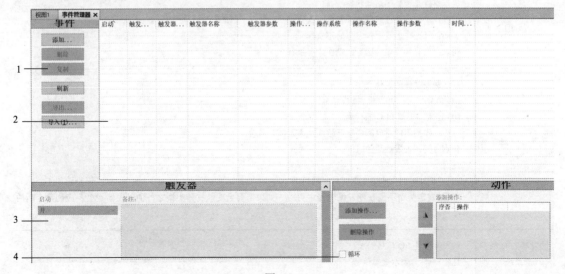

图 5-1

5.1.1　任务窗格

在事件管理器中，通过任务窗格可以新建事件，或者在事件网格中对选择的现有事件进行复制或删除。其主要功能说明见表 5-2。

表　5-2

功　　能	说　　明
新增	启动创建新事件向导（Create New Event Wizard）
删除	删除在事件网格中选中的事件
复制	复制在事件网格中选中的事件
刷新	刷新事件管理器
导出	
导入	

5.1.2　事件网格

在事件网格中，显示工作站中的所有事件，每行均为一个事件，而网格中的各列显示的是其属性。可以在此选择事件进行编辑、复制或删除。其主要功能说明见表 5-3。

表　5-3

功　　能	说　　明
启用	显示事件是否处于活动状态 打开：动作始终在触发事件发生时执行 关闭：动作在触发事件发生时不执行 仿真：只有触发事件运行，动作才会执行
触发 ...（触发器类型）	显示触发动作的条件类型 **I/O** 信号变化：更改数字 I/O 信号 **I/O** 连接：模拟 PLC 的行为 碰撞：碰撞集中对象间碰撞开始或结束，或差点撞上 仿真时间：设置激活的时间。 注意： 1）"仿真时间"按钮在激活仿真时启用 2）触发器类型不能在触发编辑器中更改。如果需要当前触发器类型之外的触发器类型，应创建全新的事件
触发器 ...（触发器系统）	触发类型是 I/O 信号触发 连字符（-）表示虚拟信号

（续）

功　　能	说　　明
触发器名称	用作触发的信号或碰撞集的名称
触发器参数	将显示发生触发依据的事件条件 0：用作触发切换至 False 的 I/O 信号 1：用作触发切换至 True 的 I/O 信号 已开始：在碰撞集中的一个碰撞开始，用作触发事件 已结束：在碰撞集中的一个碰撞结束，用作触发事件 接近丢失已开始：在碰撞集中的一个碰撞开始，用作触发事件 接近丢失已结束：在碰撞集中的一个碰撞结束，用作触发事件
操作 …（操作类型）	显示与触发器一同出现的动作类型 I/O 信号动作：更改数字输入或输出信号的值 连接对象：将一个对象连接到另一个对象 分离对象：将一个对象从另一个对象上分离 打开 / 关闭仿真监视器：切换特定机械装置的仿真监视器 打开 / 关闭计时器：切换过程计时器 将机械装置移至姿态：将选定机械装置移至预定姿态，然后发送工作站信号。启动或停止过程计时器 移动图形对象：将图形对象移至新位置和新方位 显示 / 隐藏图形对象：显示或隐藏图形对象 保持不变：无任何动作发生 多个：事件同时触发多个动作，或在每次启用触发时只触发一个动作。每个动作均可在动作编辑器中查看
操作系统	如果动作类型是更改 I/O，此列会显示要更改的信号所属的系统 连字符（-）表示虚拟信号。
操作名称	如果动作类型是更改 I/O，将会显示要更改的信号的名称。
操作参数	显示动作发生后的条件． 0：将 I/O 信号设置为 False 1：将 I/O 信号设置为 True 打开：打开过程计时器 关闭：关闭过程计时器 **Object1 -> Object2**：当动作类型是连接目标时，显示一个对象将连接至另一个对象 **Object1 -< Object2**：当动作类型是分离目标时，显示一个对象将与另一个对象分离 已结束：在碰撞集中的一个碰撞结束，用作触发事件 多个：表示多个动作
时间	显示事件触发执行的时间

5.1.3　触发编辑器

在触发编辑器中，可以设置触发器的属性。在该编辑器的公共部分是所有类型的触发器共有的，而其他部分适合现在的触发器类型。其主要功能说明见表 5-4。

表 5-4

位　置	部　件	说　明
触发器的公共部分	启用	设置事件是否处于活动状态 打开：动作始终在触发事件发生时执行 关闭：动作在触发事件发生时不执行 仿真：只有触发事件在运行时
	备注	关于事件的备注和注释文本框
I/O 信号触发器的部分	活动控制器	选择 I/O 要用作触发器时所属的系统
	Signals	显示可用作触发器的所有信号
	触发条件	对于数字信号，应设置事件是否在信号被设为 True 或 False 时触发 对于只能用于工作站信号的模拟信号，事件将在以下任何条件下触发：大于、大于 / 等于、小于、小于 / 等于、等于、不等于
I/O 连接触发器的部分	Add	打开一个界面，可以在其中将触发器信号添加至触发器信号界面
	移除	删除所选的触发器信号
	Add>	打开一个界面，可以在其中将运算符添加至连接界面
	移除	删除选定的运算符
	延迟	指定延迟（以 s 为单位）
碰撞触发器的部分	碰撞类型	设置要用作触发器的碰撞种类 已开始：碰撞开始时触发 已结束：碰撞结束时触发 接近丢失已开始：差点撞上事件开始时触发 接近丢失已结束：差点撞上事件结束时触发
	碰撞集	选择要用作触发器的碰撞集

5.1.4　动作编辑器

在动作编辑器中，可以设置事件动作的属性。在该编辑器中，公共部分是所有的动作类型共有的，而其他部分适合选定动作。其主要功能说明见表 5-5 所示。

表　5-5

位　　置	部　　件	说　　明
所有动作的公共部分	添加操作	添加触发条件满足时所发生的新动作。可以添加同时得以执行的若干不同动作，也可以在每一次事件触发时添加一个动作。以下动作类型可用： 更改 I/O：更改数字输入或输出信号的值 连接对象：将一个对象连接到另一个对象 分离对象：将一个对象从另一个对象上分离 打开 / 关闭计时器：启用或停用过程计时器 保持不变：无任何动作发生（可能对操纵动作序列有用）
	删除操作	删除已添加动作列表中选定的动作
	循环	选中此复选框后，只要发生触发，就会执行相应的动作。执行完列表中的所有操作后，事件将从列表中的第一个动作重新开始 不选此复选框后，每次触发发生时会同时执行所有动作
	添加操作	按事件的动作将被执行的顺序，列出所有动作
	箭头	重新调整动作的执行顺序
I/O 动作部分	活动控制器	显示工作站中的所有系统。选择要更改的 I/O 归属于何种系统
	Signals	显示所有可以设置的信号
	操作	设置事件是否应将信号设置为 True 或 False 如果动作与 I/O 连接相连，此组将不可用
连接动作的特定部分	连接对象	选择工作站中要连接的对象
	连接	选择工作站中要连接到的对象
	更新位置 / 保持位置	更新位置：连接时将连接对象移至其他对象的连接点。对于机械装置来说，连接点是 TCP 或凸缘，而对于其他对象来说，连接点就是本地原点 保持位置：连接时保持对象要连接的当前位置
	法兰编号	如果对象所要连接的机械装置拥有多个法兰（添加附件的点），应选择一个要使用的法兰
	偏移位置	如有需要，连接时可指定对象间的位置偏移
	偏移方向	如有需要，连接时可指定对象间的方向偏移

（续）

位　置	部　件	说　明
分离动作的特定部分	分离对象	选择工作站中要分离的对象
	分离于	选择工作站中要从其上分离附件的对象
"打开/关闭仿真监视器"动作的特定部分	机械装置	选择机械装置
	打开/关闭仿真监视器	设置是否开始执行动作还是停止仿真监视器功能
计时器动作打开/关闭的特定部分	打开/关闭计时器	设置动作是否应开始或停止过程计时器
将机械装置移至姿态的动作部分	机械装置	选择机械装置
	姿态	在 SyncPose 和 HomePose 之间选择
	在达到姿态时要设置的工作站信号	列出机械装置伸展到其姿态之后发送的工作站信号
	添加数字	单击该按钮可向网格中添加数字信号
	移除	单击该按钮可从网格中删除数字信号
移动图形对象动作的特定部分	要移动的图形对象	选择工作站中要移动的图形对象
	新位置	设置对象的新位置
	新方向	设置对象的新方向
显示/隐藏图形对象动作的部分	图形对象	选择工作站内的图形对象
	显示/隐藏	设置显示对象还是隐藏对象

5.2　利用事件管理器构建简单机械装置的运动

5.2.1　创建一个上下滑动的机械运动特性

在工作站中，为了更好地展示效果，会为工业机器人周边模型制作动画效果，如输送带、夹具和滑台等。本节主要以事件管理器的方法来创建一个能够上下滑动的机械装置，如图 5-2 所示。具体操作步骤如下：

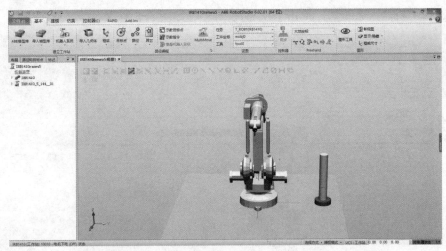

图 5-2

1）创建一个新的空工作站，如图 5-3 所示。

图 5-3

2）选择"ABB 模型库"，单击"IRB 1410"，如图 5-4 所示。

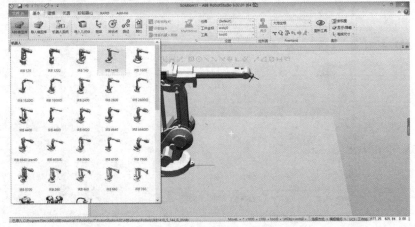

图 5-4

3）选择"机器人系统"，单击"从布局 ..."，如图 5-5 所示。

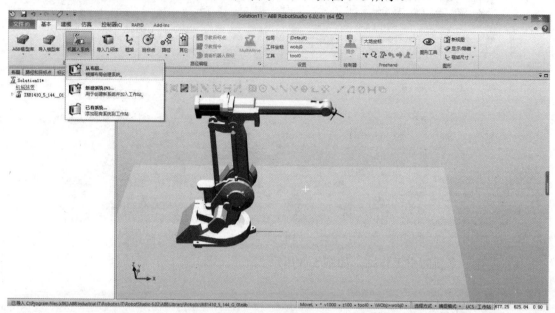

图　5-5

4）"名称"改为 IRB1410，单击"下一个"，如图 5-6 所示。

5）单击"下一个"，如图 5-7 所示。

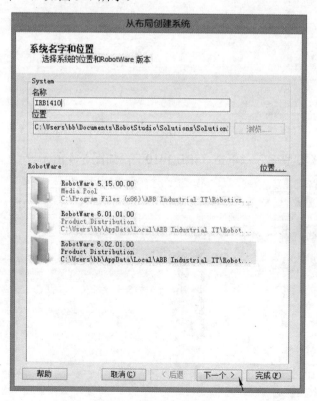

图　5-6

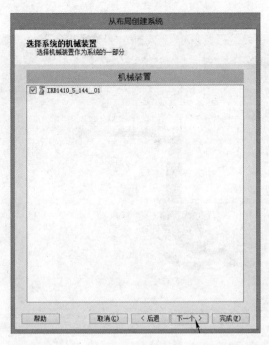

图　5-7

6）若需添加其他选项，可单击"选项 …"进行设定，如语言、通信总线等，设置完成后，单击"完成"，如图 5-8 所示。

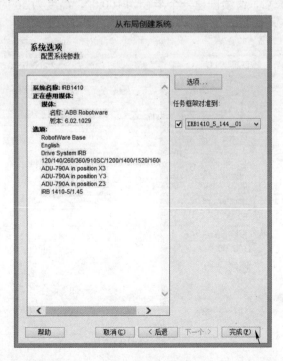

图　5-8

7）在"建模"选项卡中选择"固体"，选择"圆柱体"，如图 5-9 所示。

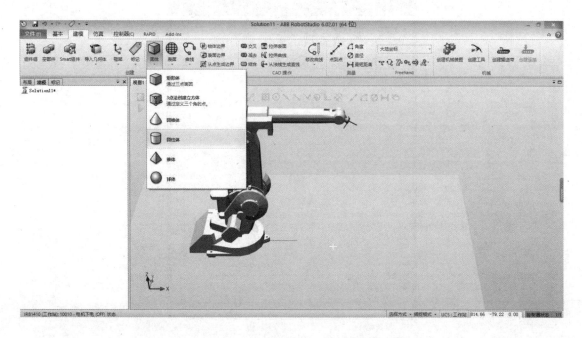

图 5-9

8）"半径"改为 50.00，"高度"改为 600，其他默认。设置完成后单击"创建"，如图 5-10 所示。创建完成后，继续创建一个半径为 100.00，高度为 50 的圆柱体。通过"减去"功能创建圆环后，删除布局中部件 2。

图 5-10

9）在"布局"选项卡中，选择"IRB1410"，右击，去掉"可见"勾选，如图 5-11 所示。

10）选中"部件 2"，右击，选择"修改"→"设定颜色"，如图 5-12 所示。

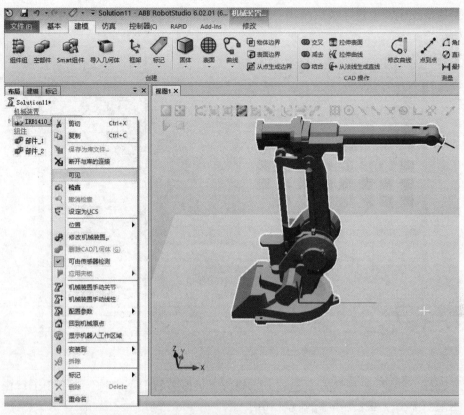

图　5-11

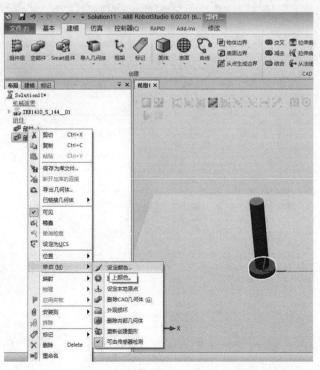

图　5-12

11）选择红色，设置完成后单击"确定"，如图 5-13 所示。之后，继续修改部件 1 的颜色为黄色。

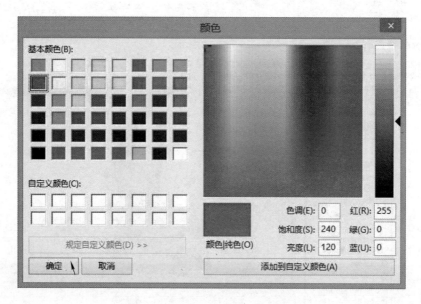

图　5-13

12）选择"创建 机械装置"选项卡，修改"机械装置模型名称"改为 IRB1410，"机械装置类型"选为"设备"，如图 5-14 所示。

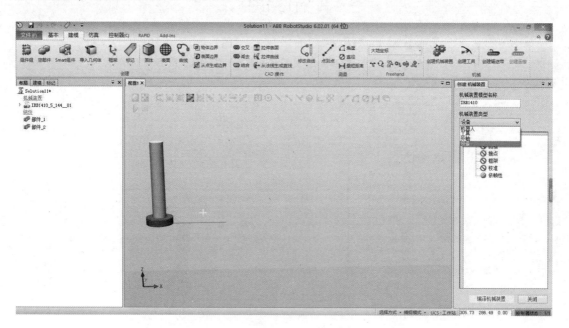

图　5-14

13）"所选部件"选择"部件_1"，勾选"设置为 BaseLink"，如图 5-15 所示。

14）单击"▶"，完成后单击"应用"，如图 5-16 所示。

图　5-15

图　5-16

15）"链接名称"改为 L2，"所选部件"选为"部件 _2"，单击"▶"按钮，单击"应用"，如图 5-17 所示。

图　5-17

16）双击"接点"，如图 5-18 所示。

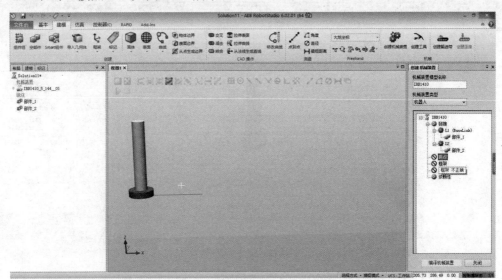
图　5-18

17）选择"往复的"，将"第二个位置"的第三个参数改为400.00，"最小限值"改为0.00，"最大限值"改为400，设置完成后单击"应用"，如图5-19所示。

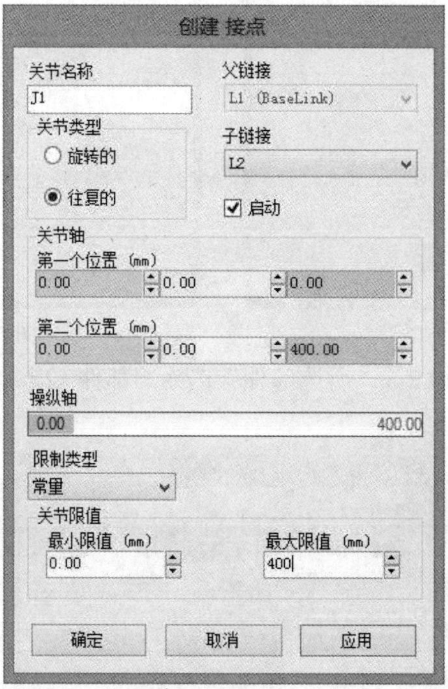

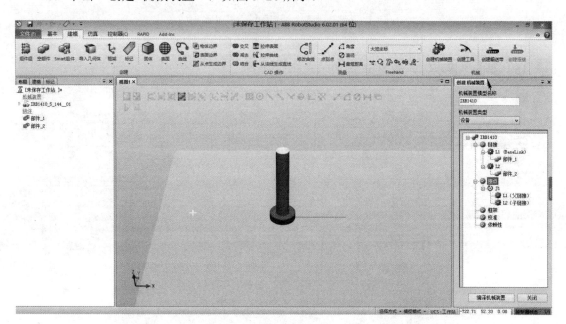

图　5-19

18）单击"创建 机械装置"，如图5-20所示。

图　5-20

19）"关节值"设为400，单击"添加"，单击"确定"，如图5-21所示。

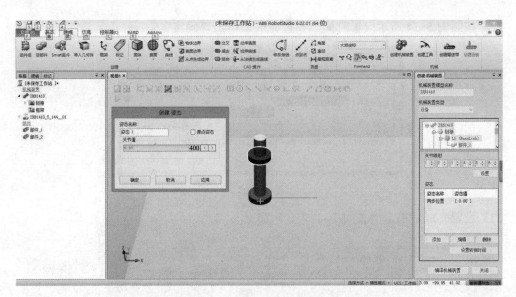

图　5-21

20）继续添加，勾选"原点姿态"，"关节值"调至 0.00，单击"确定"，如图 5-22 所示。

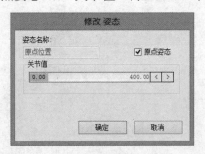

图　5-22

21）单击"设置转换时间"，如图 5-23 所示。

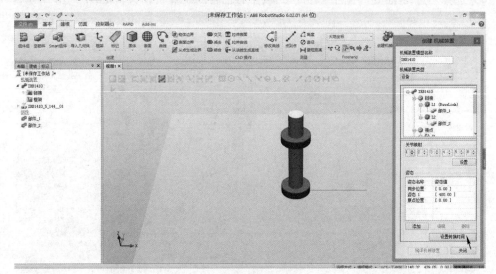

图　5-23

22）按照图 5-24 所示设置时间，设置完成后单击"确定"。

图 5-24

23）设置完成后单击"关闭"，如图 5-25 所示。

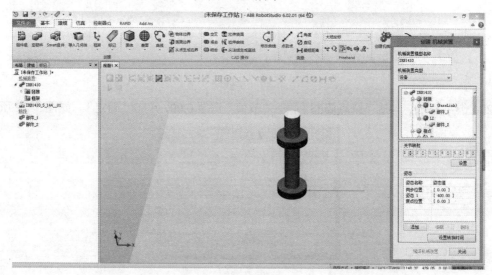

图 5-25

24）选择"FreeHand"中的"移动"，沿 Y 轴移动工业机器人，如图 5-26 所示。

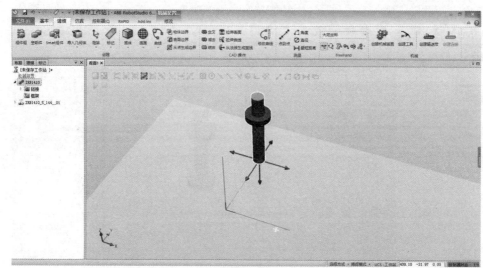

图 5-26

25）在"控制器"选项卡中选择"配置编辑器"，选择"I/O System"，如图 5-27 所示。

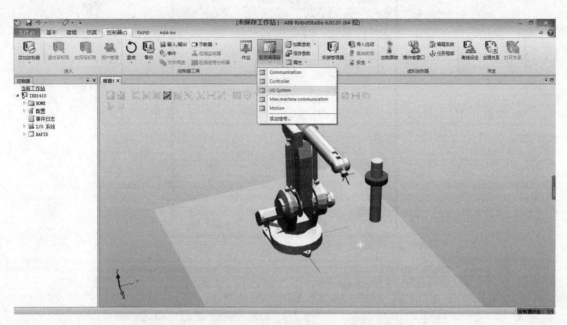

图 5-27

26）选择"Signal"，右击并选择"新建 Signal..."，如图 5-28 所示。

图 5-28

27）"Name"设为"do400"，"Type of Signal"设为"Digital Output"，如图 5-29 所示。

28）选择"重启"中的"重启动（热启动）"，如图 5-30 所示。

29）选择"控制器"选项卡"配置"下的"I/O System"，对系统进行配置，如图 5-31 所示。

图　5-29

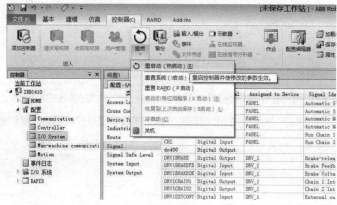

图　5-30

图　5-31

30）选择"事件管理器"选项卡，选择"添加 ..."，如图 5-32 所示。

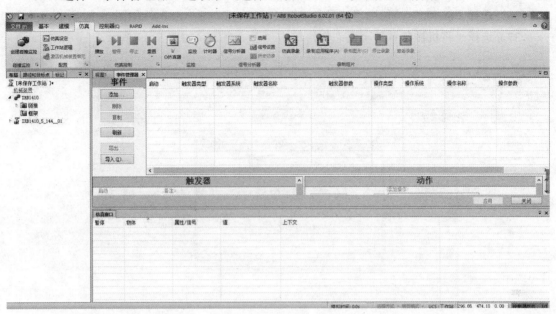

图　5-32

31）默认设置，选择"下一个"，如图 5-33 所示。

32）选择"do400"，默认设置，选择"下一个"，如图 5-34 所示。

33）选择"将机械装置移至姿态"，如图 5-35 所示。

34）选择"IRB1410"，选择"姿态 1"，单击"完成"，如图 5-36 所示。

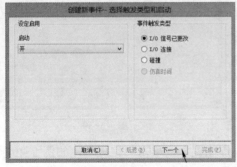

图　5-33

图　5-34

图　5-35

图　5-36

35）继续添加，选择"下一个"，如图 5-37 所示。

36）选择"do400"，勾选"信号是 False"，选择"下一个"，如图 5-38 所示。

37）选择"将机械装置移至姿态"，单击"下一个"，如图 5-39 所示。

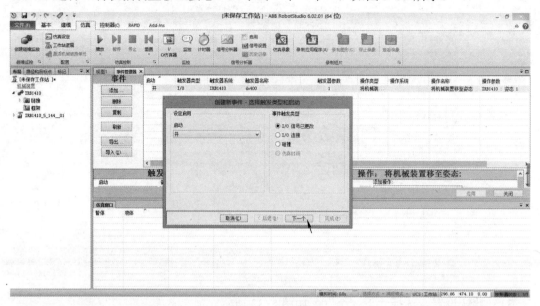

图　5-37

图　5-38

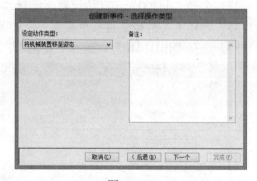

图　5-39

38）选择"IRB1410"，"姿态"选择"原点位置"，单击"完成"，如图 5-40 所示。

图　5-40

39）在"基本"选项卡中选择"路径"，选择"空路径"，如图 5-41 所示。

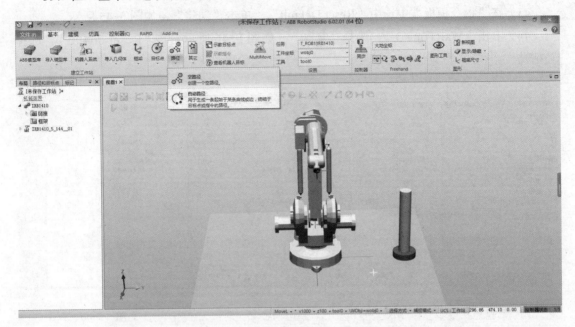

图 5-41

40）右击"Path_10"，选择"插入逻辑指令"，如图 5-42 所示。

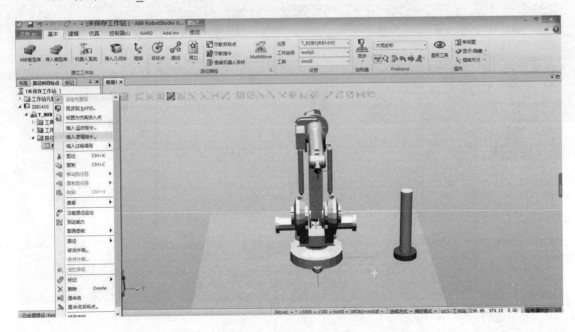

图 5-42

41）在"指令模板"中选中"Set Default"，单击"创建"，如图 5-43 所示。

42）在"指令模板"中选中"WaitTime Default"，设为 3s，单击"创建"，如

图 5-44 所示。

43）在"指令模板"中选中"Reset Default"，单击"创建"，如图 5-45 所示。

44）右击"WaitTime 3"，选择"复制"，如图 5-46 所示右击"Reset do400"，选择"粘贴"。

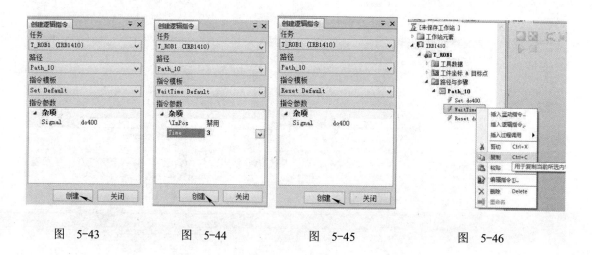

图 5-43　　　　　图 5-44　　　　　图 5-45　　　　　图 5-46

45）在"基本"选项卡中选择"同步"，默认设置，选择"确定"，如图 5-47 所示。

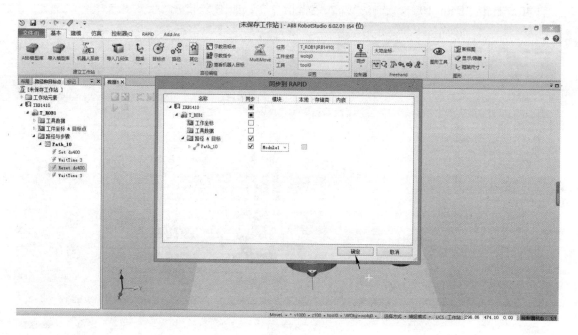

图 5-47

46）在"仿真"选项卡中，选择"仿真设定"，如图 5-48 所示。

47）单击"T_ROB1"，"进入点"选择"Path_10"，单击"关闭"，如图 5-49 所示。

48）单击"播放"，单击"视图 1"选项卡，如图 5-50 所示。

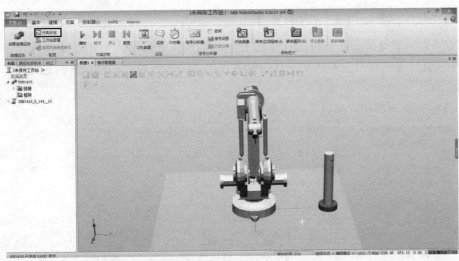

图　5-48

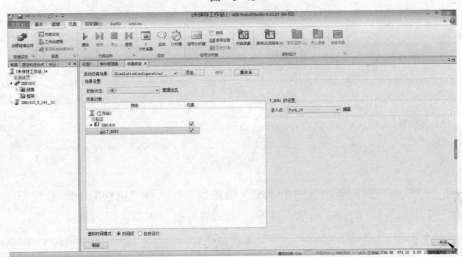

图　5-49

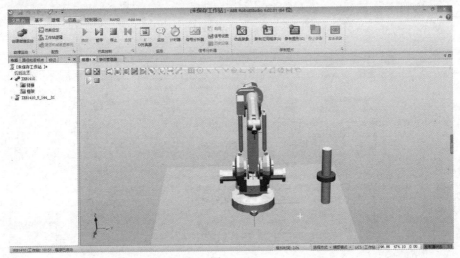

图　5-50

5.2.2 创建一个输送链运行仿真效果

创建一个输送链模型，使滑块在输送链上运动，工业机器人输出三个信号，每个信号对应一个位置。这里以视觉差异来创建机械装置的一个能够滑行的滑台为例来介绍。具体操作步骤如下：

1）建立一个滑台和滑块模型，如图 5-51 所示。

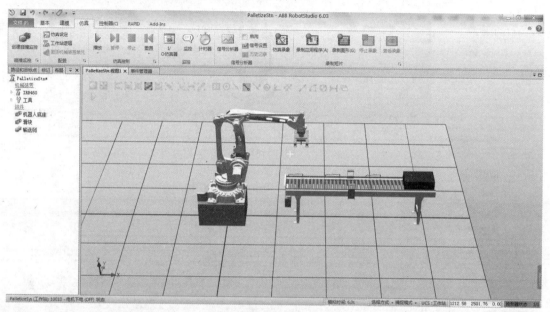

图 5-51

2）在"控制器"选项卡中，选中"配置编辑器"，选择"I/O Signal"，根据上节知识新建框中三个信号，如图 5-52 所示。注意：添加信号后，需要重启。

图 5-52

3）右击"滑块"，选择"位置"→"修改位置..."，如图 5-53 所示。

4）记录此时位置 X、Y、Z 对应的数值，如图 5-54 所示。此处记录数值是为了方便后面定义三个信号点滑块在坐标系中的对应位置。

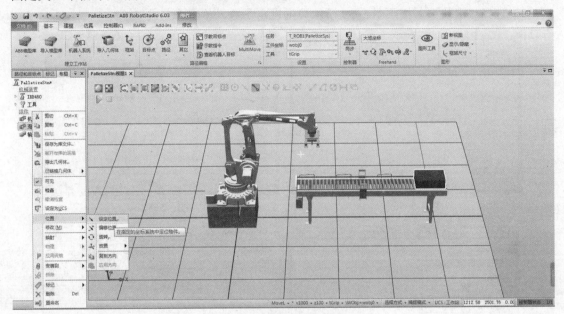

图 5-53

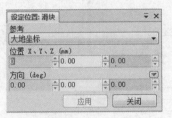

图 5-54

5）在"仿真"选项卡中选择"事件管理器"，如图 5-55 所示。

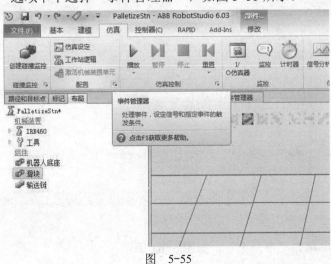

图 5-55

6）单击"下一个"，如图 5-56 所示。

7）默认设置，单击"下一个"，如图 5-57 所示。

8）选择"移动对象"，单击"下一个"，如图 5-58 所示。

9）选择"滑块"，按照图 5-59 所示数据设定参数，单击"完成"。

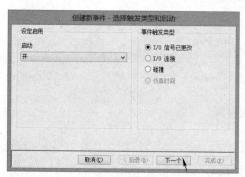
图 5-56

图 5-57

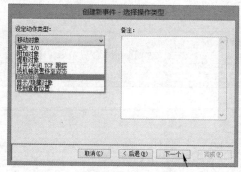
图 5-58

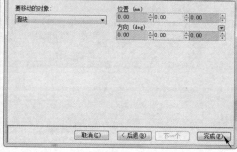
图 5-59

10）继续单击"添加…"，如图 5-60 所示。

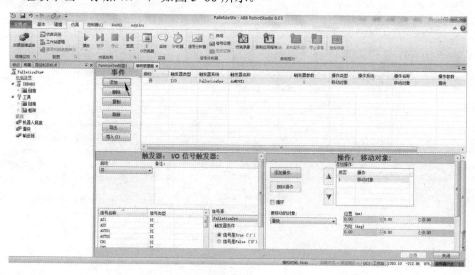
图 5-60

11）默认设置，单击"下一个"，如图 5-61 所示。

12）默认设置，单击"下一个"，如图 5-62 所示。

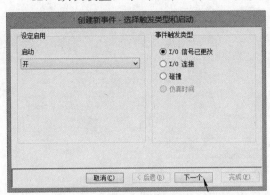

图　5-61

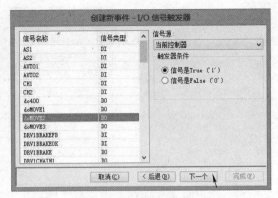

图　5-62

13）"设定动作类型"选择"移动对象"，单击"下一个"，如图 5-63 所示。

14）"要移动的对象"选择"滑块"，按照图 5-64 所示数据设定参数，单击"完成"。

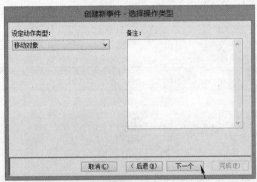

图　5-63

图　5-64

15）按上面步骤继续添加信号 doMOVE3，如图 5-65 所示。

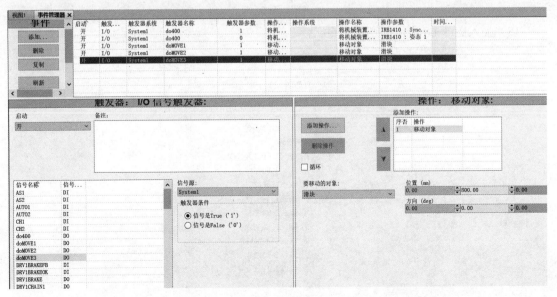

图　5-65

16）按照图5-66所示设定参数，单击"完成"。

图 5-66

17）在"基本"选项卡中选择"路径"，选择"空路径"，如图5-67所示。

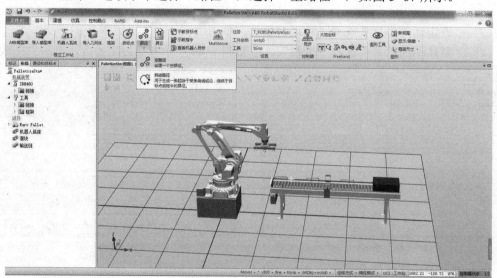

图 5-67

18）插入图5-68所示的逻辑指令。

图 5-68

19）在"基本"选项卡中，选择"同步到 RAPID…"，如图 5-69 所示。

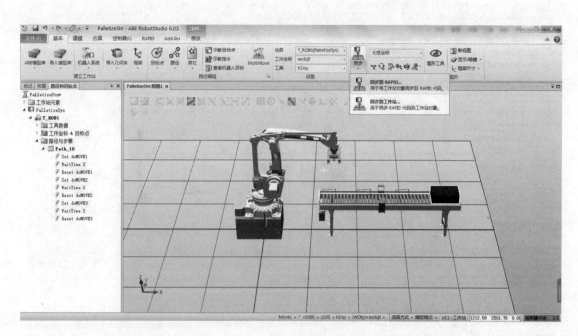

图　5-69

20）按图 5-70 所示勾选，单击"确定"。

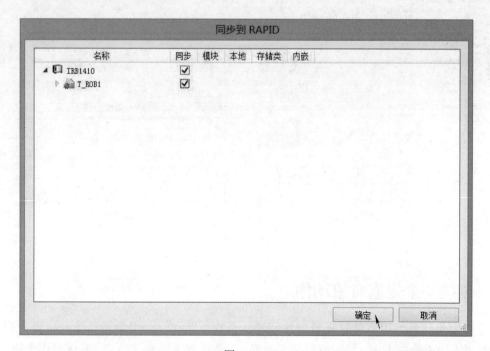

图　5-70

21）右击"Path_10"，选择"设置为仿真进入点"，如图 5-71 所示。

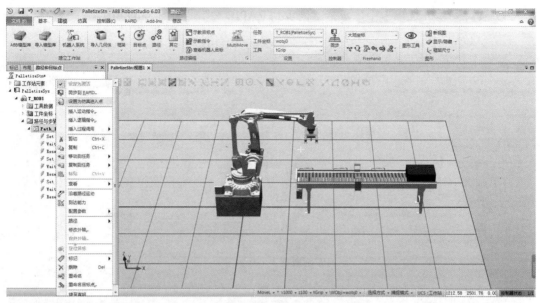

图 5-71

22）在"仿真"选项卡中单击"播放"，如图 5-72 所示。

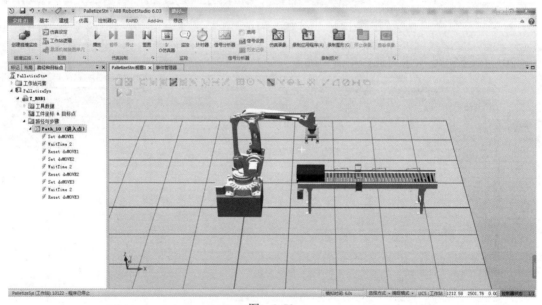

图 5-72

5.3 创建一个提取对象动作

本例主要任务为用事件管理器方法创建一个提取动作。当滑块滑至工业机器人端时，工业机器人过来抓取滑块，然后放到指定位置，工业机器人回到等待点。具体操作步骤如下：

1）在"建模"选项卡中新建一个半径 50mm、长度 600mm 的圆柱体，并安装到工业机器人上，如图 5-73 所示。

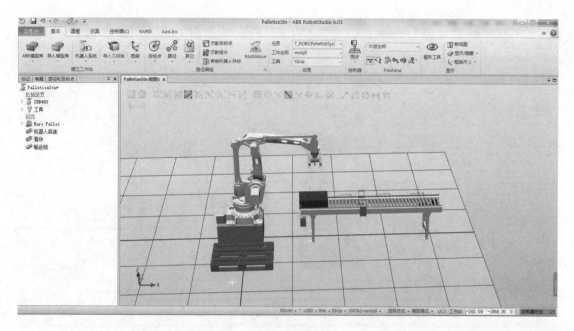

图　5-73

2）在"基本"选项卡中，把运动指令改为 MoveJ,*,v300，fine，tGrip，\Wobj：=wobj0，如图 5-74 所示。

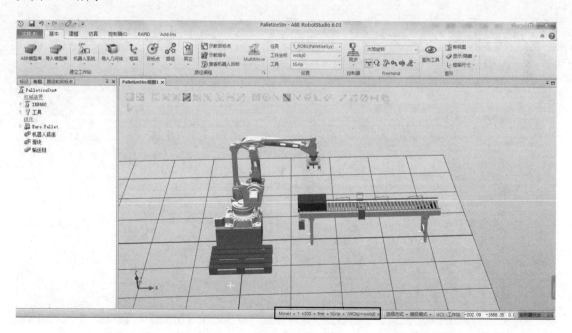

图　5-74

3）在"基本"选项卡中选择"手动关节"，把工业机器人移至滑块正上方，选择"示教指令"，如图 5-75 所示。

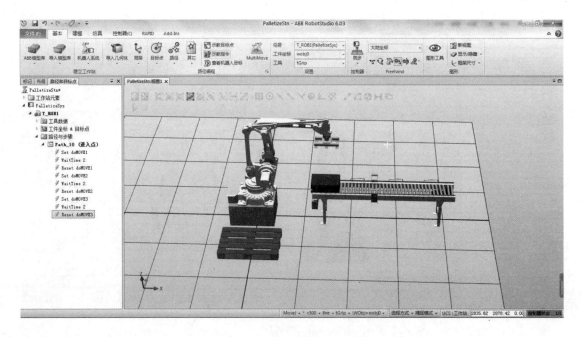

图　5-75

4）手动移动工业机器人至图 5-76 所示位置，单击"示教指令"。

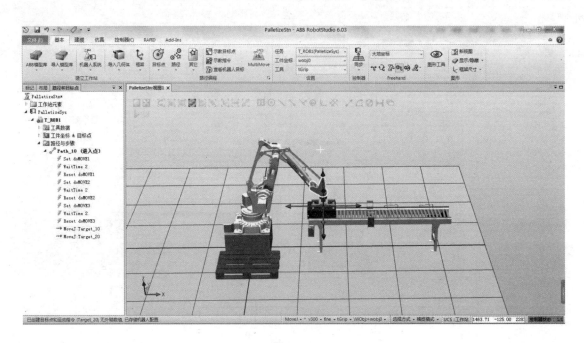

图　5-76

5）手动移动工业机器人至图 5-77 所示位置，单击"示教指令"。

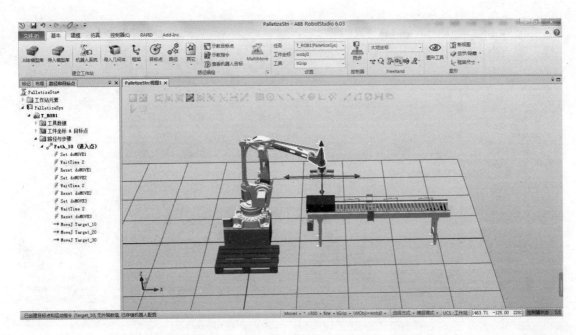

图　5-77

6）手动移动工业机器人至图 5-78 所示位置，单击"示教指令"。

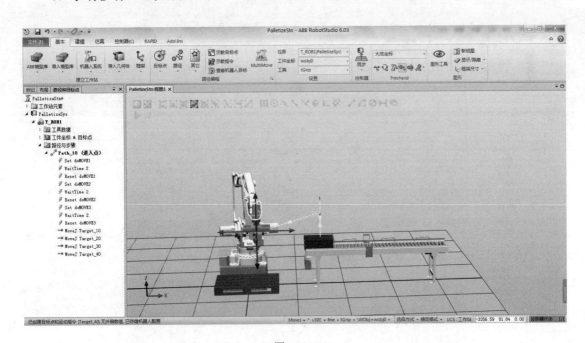

图　5-78

7）手动移动工业机器人至图 5-79 所示位置，单击"示教指令"。

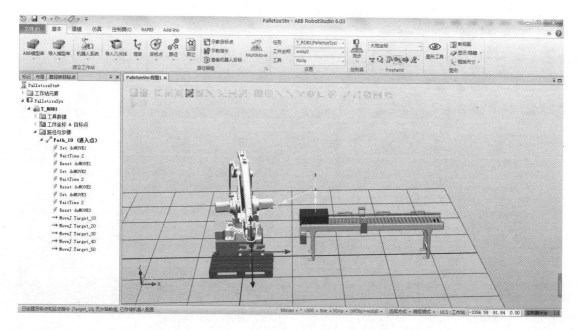

图 5-79

8）手动移动工业机器人至图 5-80 所示位置，单击"示教指令"。

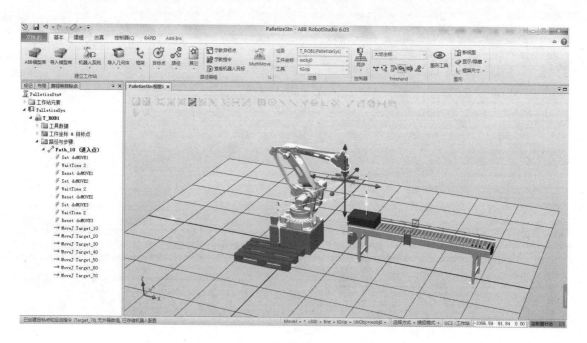

图 5-80

9）在"控制器"选项卡中，选择"配置编辑器"，如图 5-81 所示。

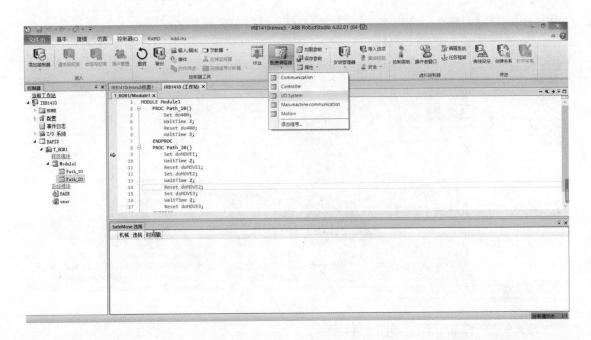

图　5-81

10）选择"Signal…"，新建 dotool 信号，重新启动，如图 5-82 所示。

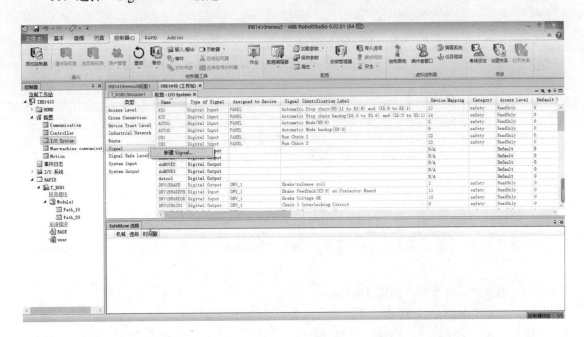

图　5-82

11）在"仿真"选项卡中，选择"事件管理器"，如图 5-83 所示。

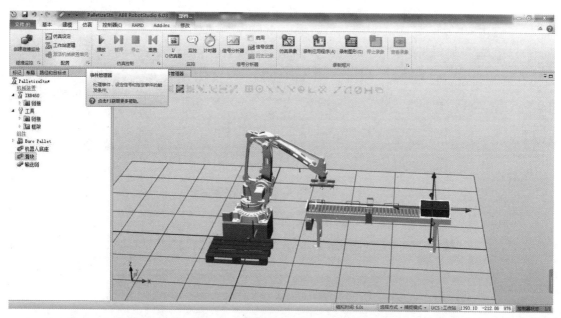

图 5-83

12）单击"添加…"，如图 5-84 所示。

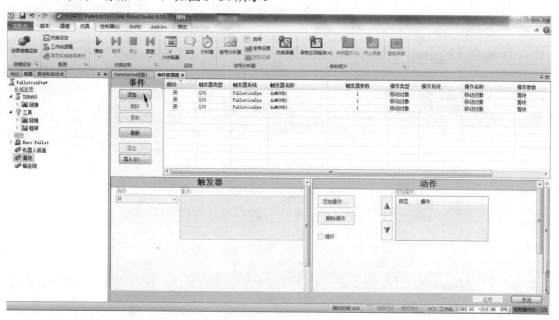

图 5-84

13）单击"下一个"，如图 5-85 所示。

14）选中"dotool"，单击"下一个"，如图 5-86 所示。

15）"设定动作类型"选择"附加对象"，单击"下一个"，如图 5-87 所示。

16）"附加对象"选择"滑块"，"安装到选择"工具"，单击"保持位置"，单击"完成"，如图 5-88 所示。

17）单击"添加…"，如图 5-89 所示。

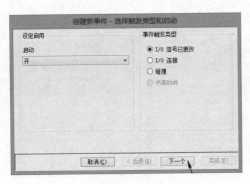

图 5-85

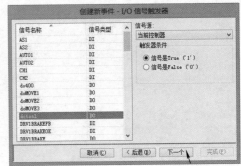

图 5-86

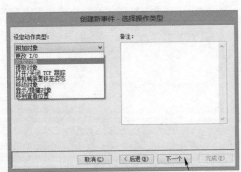

图 5-87

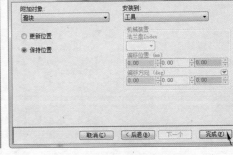

图 5-88

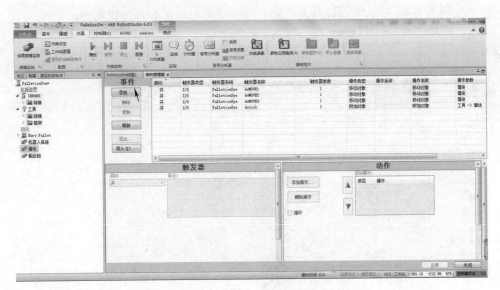

图 5-89

18）单击"下一个"，如图 5-90 所示。

19）勾选"信号是 False（'0'）"，选中"dotool"，单击"下一个"，如图 5-91 所示。

20）"设定动作类型"选择"提取对象"，单击"下一个"，如图 5-92 所示。

21）"提取对象"选择"滑块"，"提取于"选择"工具"，单击"完成"，如图 5-93 所示。

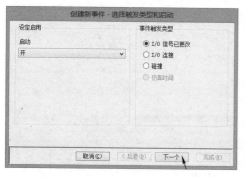

图 5-90　　　　　　　　　　　　图 5-91

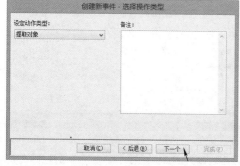

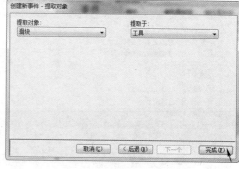

图 5-92　　　　　　　　　　　　图 5-93

22）按照图 5-94 所示工业机器人位置，添加一条运动指令及逻辑指令。

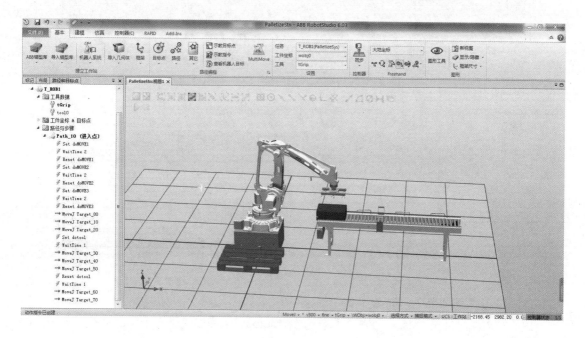

图 5-94

23）选择移动图标，把滑块移动至初始位置附近，如图 5-95 所示。

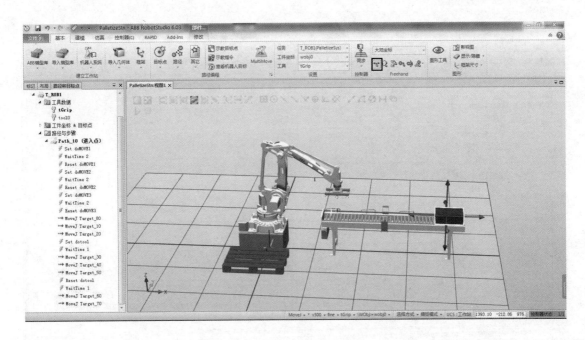

图　5-95

24）在"基本"选项卡中，选择"同步到 RAPID…"，如图 5-96 所示。

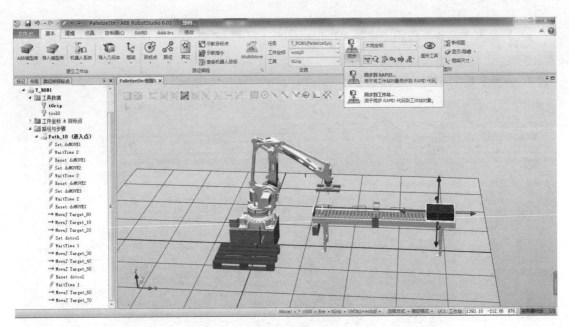

图　5-96

25）按图 5-97 所示设置，单击"确定"。

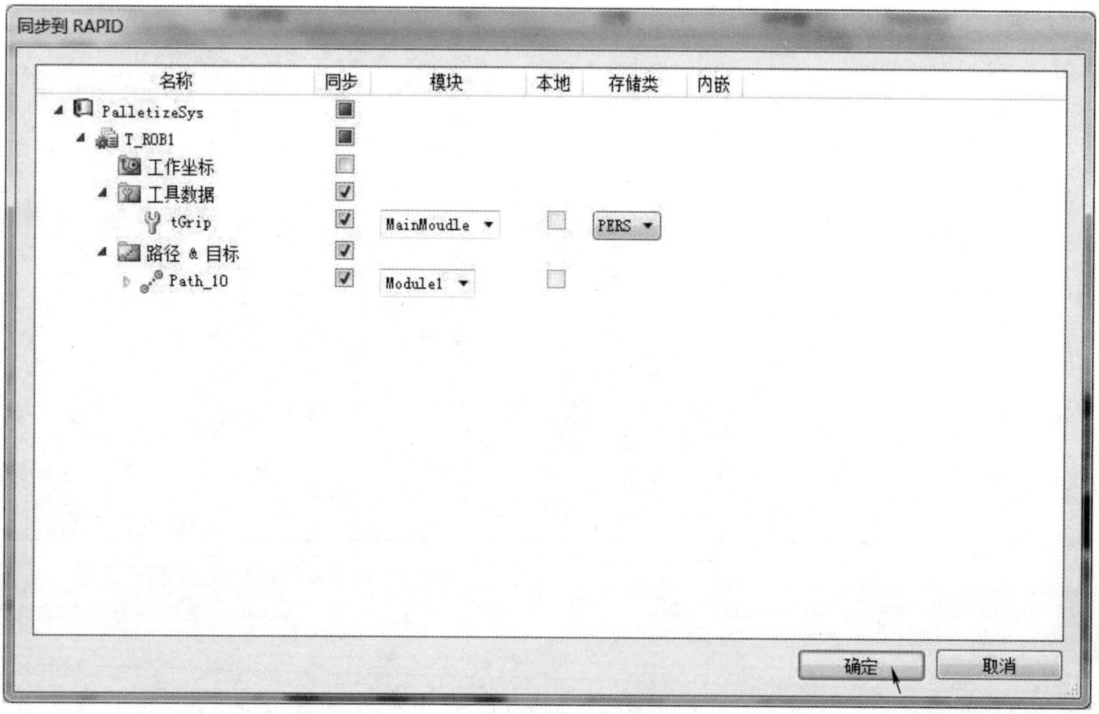

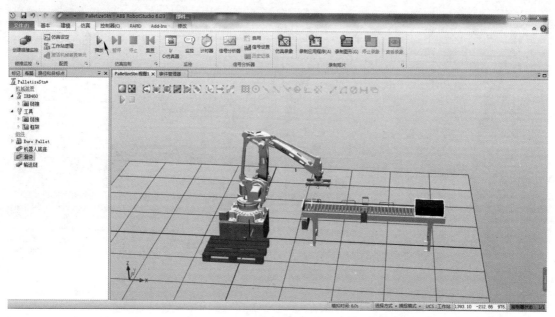

图　5-97

26）单击"播放"按钮，选择"PalletizeStn：视图1"选项卡，观看仿真效果如图5-98所示。

图　5-98

习　题

1. 简述"附加对象"与"提取对象"的功能。

2. 如图 5-99 所示，要求：操作者放置工件在红蓝物料盘，红蓝物料盘通过输送链依次输送至工业机器人端，工业机器人夹爪取完工件后，放置在工业机器人右侧放料架上，依次取 5 件。按要求通过 RobotStudio 完成仿真动画。

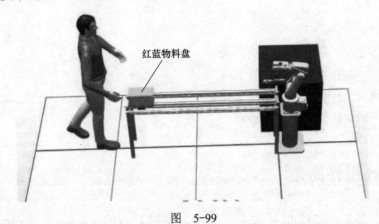

图　5-99

第 6 章

Smart 组件的应用

本章任务

1. 了解什么是 Smart 组件
2. 学会用 Smart 组件创建动态输送链
3. 学会用 Smart 组件创建动态夹具
4. 学会设定 Smart 组件工作站逻辑
5. 了解 Smart 组件的子组件功能

6.1 Smart 组件简介

Smart 组件是 RobotStudio 对象（以 3D 图像或不以 3D 图像表示），该组件动作可以由代码或 / 和其他 Smart 组件控制执行。

表 6-1 介绍了使用 Smart 组件时所使用的术语。

表 6-1

术 语	定 义
Code behind（代码后置）	在 Smart 组件中的 .NET，通过对某个事件的反应可以执行自定义的动作，如仿真时间变化引起的某些属性值的变化
[Dynamic]property（[动态] 属性）	Smart 组件上的对象，包含值、特定的类型和属性。属性值被 Code behind 用来控制 Smart 组件的动作行为
[Property]binding（[属性] 捆绑）	将一个属性值连接至另一属性值
[Property]attributes（[属性] 特征）	关键值包括关于动态属性的附加信息，例如值的约束等
[I/O]signal（[I/O] 信号）	Smart 组件上的对象，包含值和方向（输入 / 输出），类似机器人控制器上的 I/O 信号。信号值被 Code behind 用来控制 Smart 组件的动作行为
[I/O]connection（[I/O] 连接）	连接一个信号的值到另外不同信号的值
Aggregation（集合）	使用 and/or 连接多个 Smart 组件以完成更复杂的动作
Asset	在 Smart 组件中的数据对象。使用局部的和集合的代码

6.2　Smart 组件创建动态输送链

6.2.1　设定输送链的产品源（Source）

在 RobotStudio 中创建码垛的仿真工作站，输送链的动态效果对整个工作站起到一个关键的作用。Smart 组件就是在 RobotStudio 中实现动画效果的高效工具。下面创建一个拥有动态属性的 Smart 输送链来体验一下 Smart 组件的强大功能。Smart 组件输送链动态效果包含：输送链前端自动生成产品、产品随着输送链向前运动，产品到达输送链末端后停止运动、产品被移走后输送链前端再次生成产品，依次循环。图 6-1 为解压练习工作站后的效果。

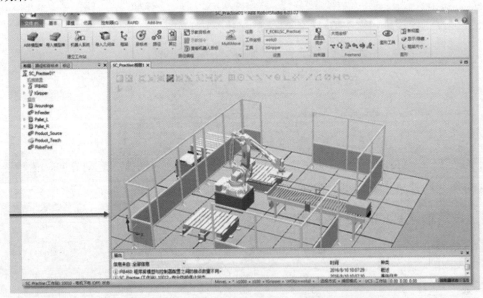

图　6-1

添加组件"Source"并进行设置，如图 6-2 所示。子组件 Source 用于设定产品源，每当触发一次 Source 执行，都会自动生成一个产品源的复制品。

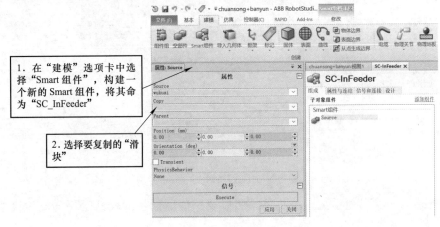

图　6-2

6.2.2　设定输送链的运动属性

输送链的运动属性设定如图 6-3 所示。

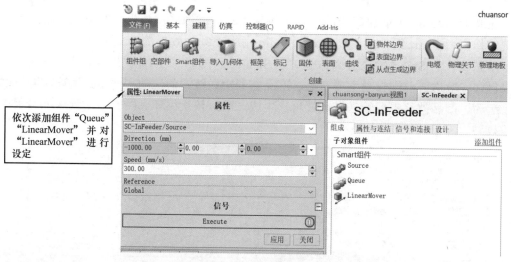

图　6-3

子组件 LinearMover 设定运动属性，其属性包含指定运动物体、运动方向、运动速度、参考坐标等。此处将之前设定的 Queue 设定为运动物体。

6.2.3　设定输送链的限位传感器

输送链限位传感器的设定如图 6-4 ～图 6-7 所示。

图　6-4

虚拟传感器一次只能检测一个物体，所以要保证所创建的传感器不与周边设备接触，否则无法检测运动到输送链末端的产品。

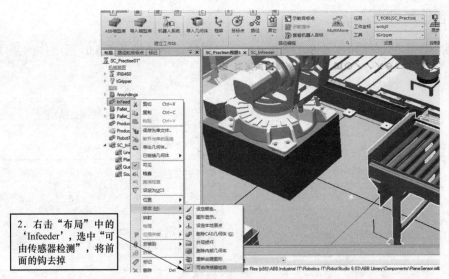

2．右击"布局"中的
'Infeeder'，选中"可
由传感器检测"，将前
面的钩去掉

图　6-5

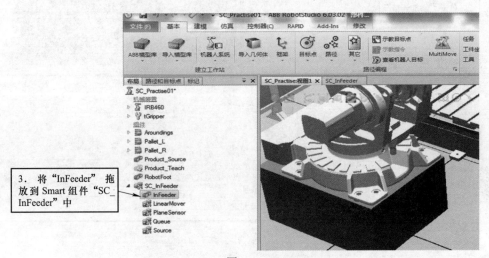

3．将"InFeeder"拖
放到 Smart 组件"SC_
InFeeder"中

图　6-6

4．添加组件，选择
"LogicGate"并进行
设定后应用

图　6-7

6.2.4　创建属性与连结

属性与连结的创建如图 6-8、图 6-9 所示。属性连结是指各 Smart 子组件的某项属性之间的连结。

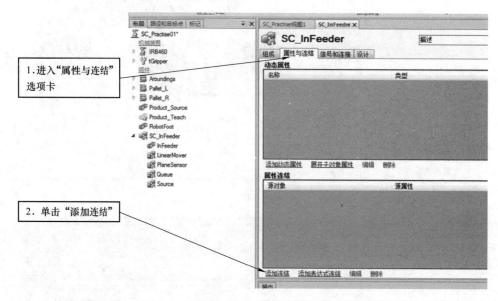

图　6-8

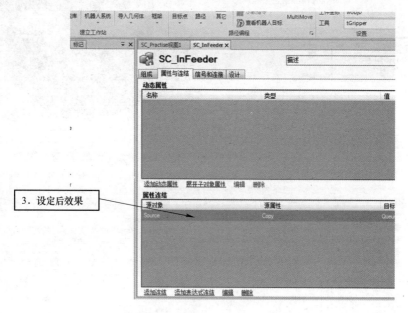

图　6-9

Source 的 Copy 指的是源的复制品，Queue 的 Back 指的是下一个将要加入队列的物体。通过这样的连结，可实现任务中的产品源生成一个复制品，执行加入队列动作后，该复制品会自动加入队列 Queue 中，而 Queue 是一直执行线性运动的，生成的复制品也会随着队列进行线性运动。而当执行退出队列时，复制品退出队列后就停止线性运动。

6.2.5 创建信号连接

I/O 信号指的是在本工作站中自行创建的数字信号，用于与各个 Smart 子组件进行信息交互。I/O 连接是指设定创建的 I/O 信号与 Smart 子组件信号的连结关系，以及各 Smart 子组件之间的信号连接关系。信号连接的创建首先添加一个数字信号 diStart，用于启动 Smart 输送链；然后建立 I/O 连接。具体操作如图 6-10 ～图 6-12 所示。

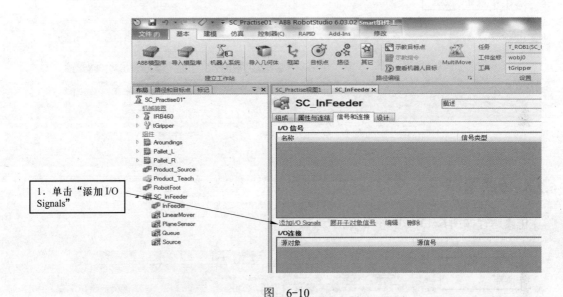

图 6-10

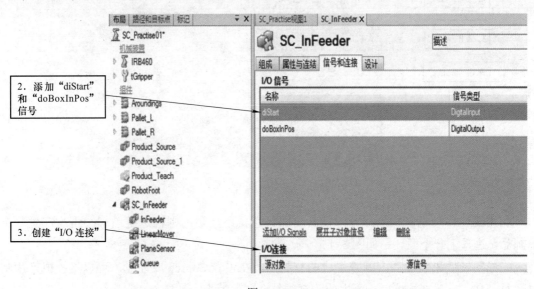

图 6-11

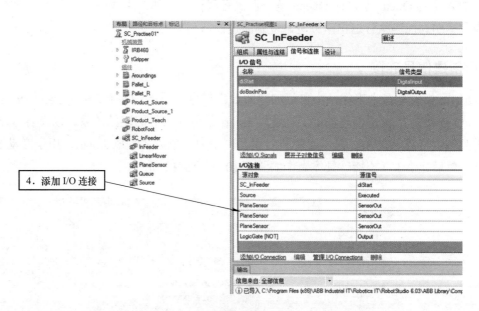

4. 添加 I/O 连接

图 6-12

6.2.6 仿真运行

仿真运行如图 6-13 ～图 6-16 所示。

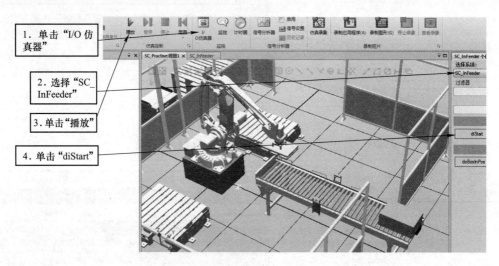

1. 单击"I/O 仿真器"

2. 选择"SC_InFeeder"

3. 单击"播放"

4. 单击"diStart"

图 6-13

利用线性移动将复制品移开，使其与面传感器不接触，则输送链前端会再次产生一个复制品，进入下一个循环。如图 6-15 所示。

完成动画效果验证后，删除生成的复制品，在设置 Source 属性时，可以设置成产生临时性复制品，当仿真结束后，所生成的复制品会自动消失，如图 6-16 所示。

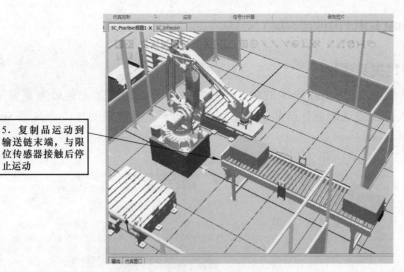

5. 复制品运动到输送链末端，与限位传感器接触后停止运动

图　6-14

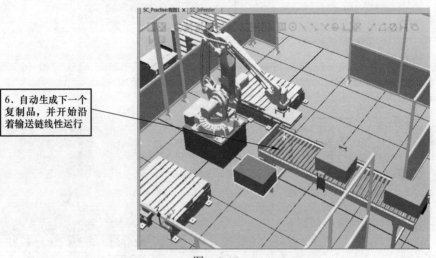

6. 自动生成下一个复制品，并开始沿着输送链线性运行

图　6-15

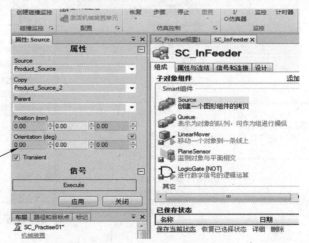

勾选"Transient"，则完成了相应的修改，然后单击"应用"

图　6-16

6.3 Smart 组件创建动态夹具

6.3.1 设定夹具属性

在 RobotStudio 中创建码垛的仿真工作站，夹具的动态效果是最为重要的部分。使用一个海绵式真空吸盘来进行产品的拾取释放，基于此吸盘来创建一个具有 Smart 组件特性的夹具。

图 6-17～图 6-19 所示是夹具属性的设定步骤。

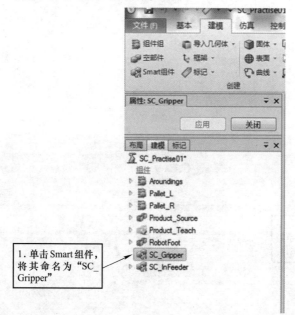

1. 单击 Smart 组件，将其命名为"SC_Gripper"

图　6-17

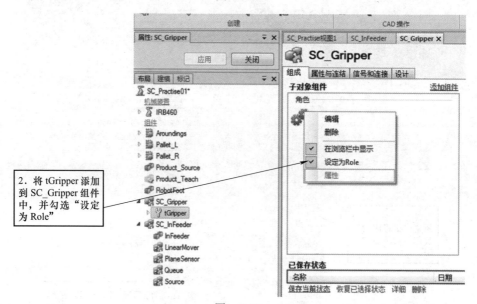

2. 将 tGripper 添加到 SC_Gripper 组件中，并勾选"设定为 Role"

图　6-18

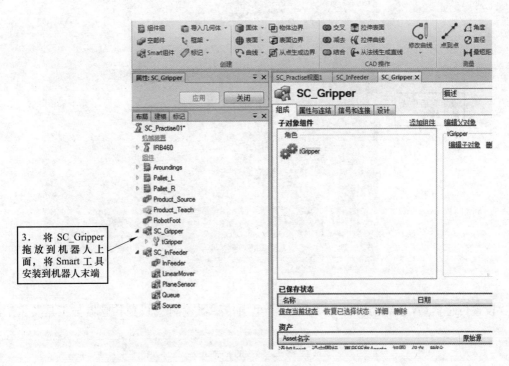

图　6-19

6.3.2　设定检测传感器

检测传感器的设定如图 6-20 ～图 6-22 所示。

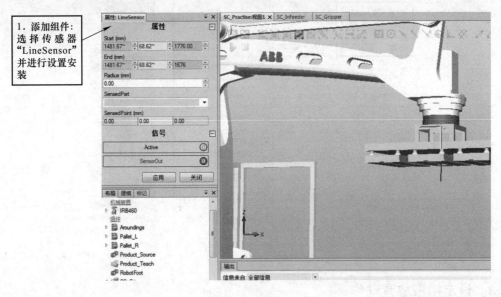

图　6-20

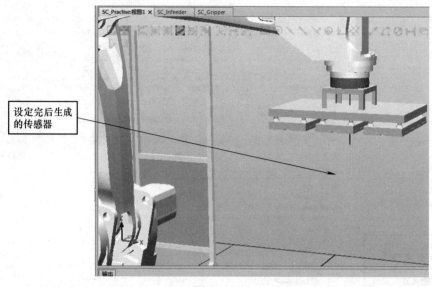

图　6-21

设置传感器后,仍然需要将工具设为"不可由传感器检测",以免传感器与工具发生干涉。

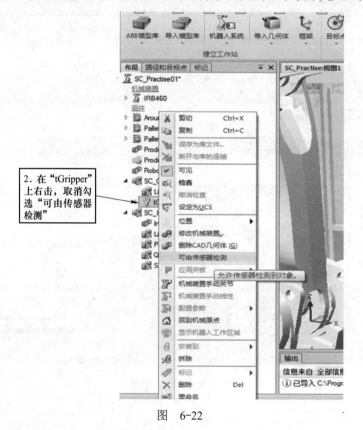

图　6-22

6.3.3　设定拾取放置动作

拾取放置动作的设定如图 6-23 所示。

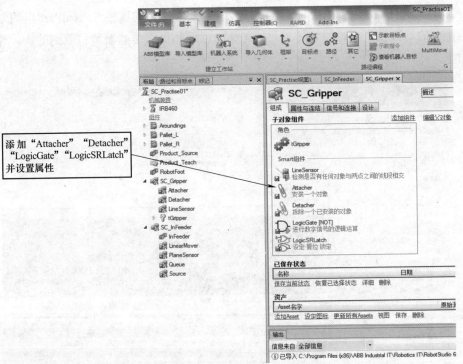

添加 "Attacher" "Detacher"
"LogicGate" "LogicSRLatch"
并设置属性

图 6-23

6.3.4 创建属性与连结

属性与连结的创建如图 6-24 所示。

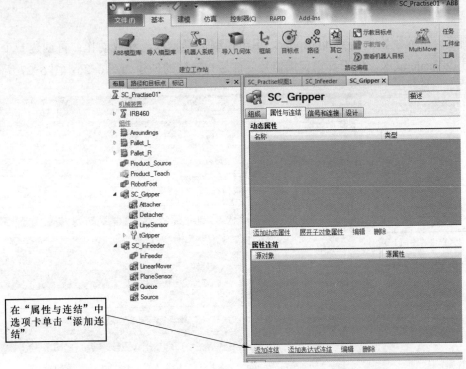

在 "属性与连结" 中
选项卡单击 "添加连
结"

图 6-24

添加所需属性连结后如图 6-25 所示，其中 LineSensor 的属性 SensedPart 指的是线传感器所检测到的与其发生接触的物体。此处连结的意思是将线传感器所检测到的物体作为拾取的子对象。

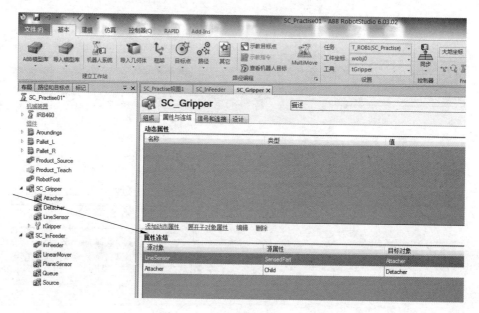

图 6-25

6.3.5 创建信号与连接

创建一个数字输入信号 diGripper，用于控制夹具拾取、释放动作；再创建一个数字输出信号 doVacuumOK，用于真空反馈信号。信号与连接的创建如图 6-26、图 6-27 所示。

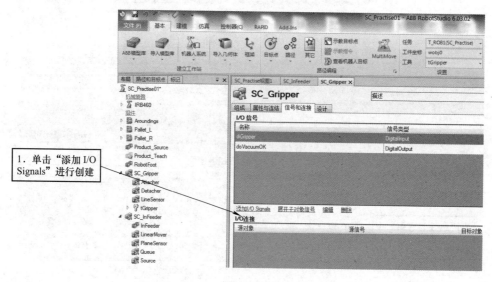

图 6-26

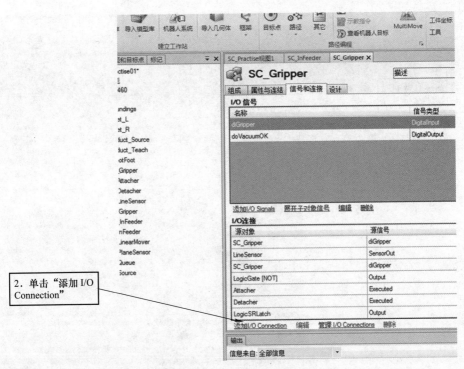

2. 单击"添加 I/O Connection"

图　6-27

6.3.6　Smart 组件的动态模拟运行

对演示作品 Product Teach 进行设置。图 6-28 ～图 6-30 为 Smart 组件的动态模拟运行步骤。

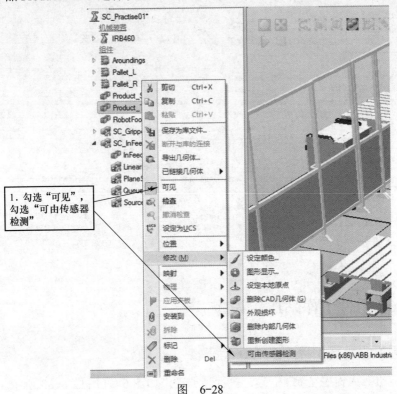

1. 勾选"可见"，勾选"可由传感器检测"

图　6-28

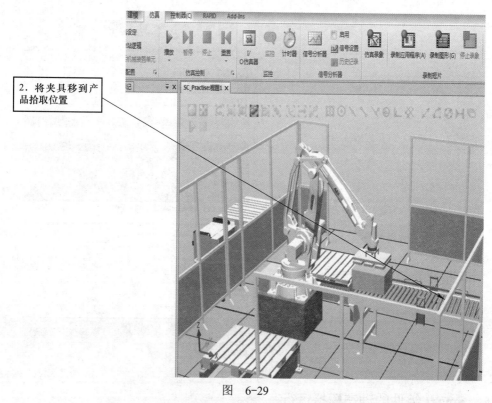

2．将夹具移到产品拾取位置

图 6-29

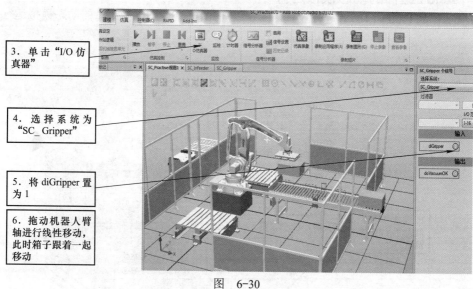

3．单击"I/O 仿真器"

4．选择系统为"SC_Gripper"

5．将 diGripper 置为 1

6．拖动机器人臂轴进行线性移动，此时箱子跟着一起移动

图 6-30

6.4　Smart 组件工作站逻辑设定

6.4.1　查看工业机器人程序及 I/O 信号

查看工业机器人程序及 I/O 信号，执行释放动作如图 6-31 ～图 6-33 所示。

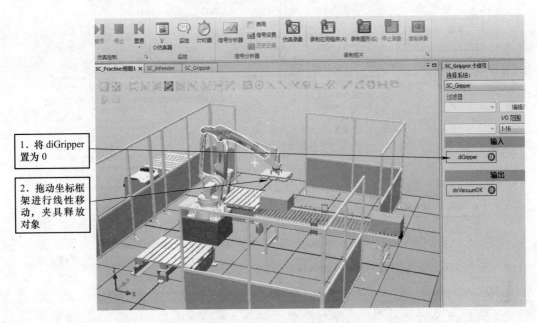

图　6-31

夹具已将产品释放，同时真空反馈信号 doVacuumOK 信号自动置为 0。

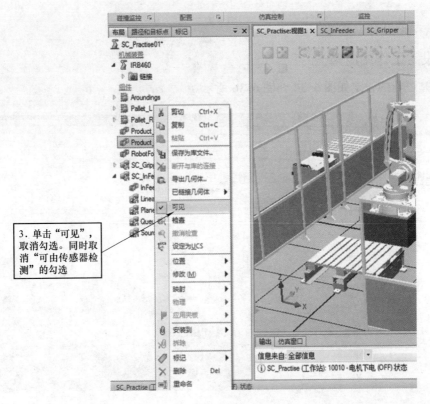

图　6-32

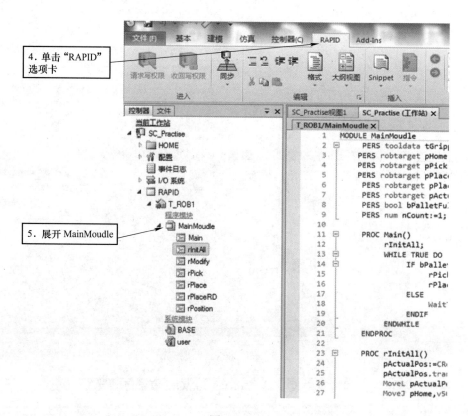

图　6-33

6.4.2　设定工作站逻辑

工作站逻辑的设定如图 6-34 ～图 6-36 所示。

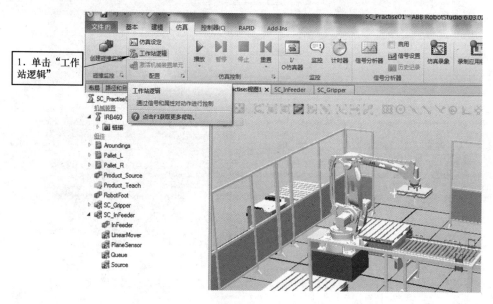

图　6-34

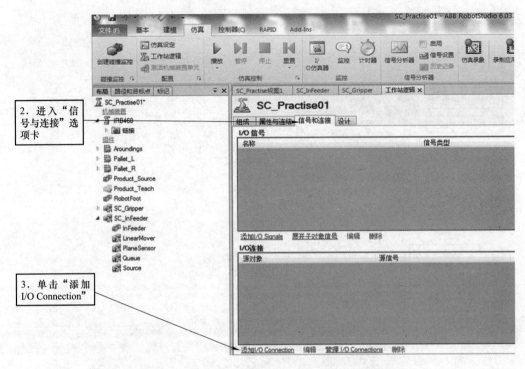

图 6-35

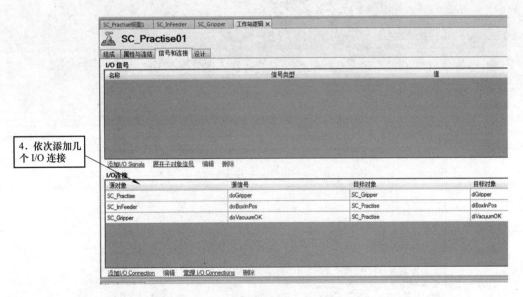

图 6-36

6.4.3 仿真运行

仿真运行操作如图 6-37 ~图 6-42 所示。

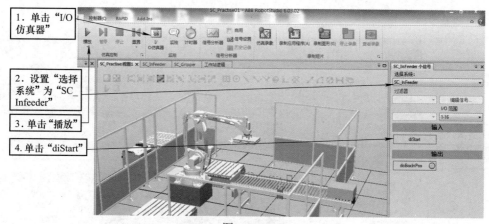

图 6-37

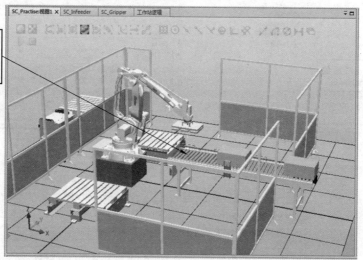

图 6-38

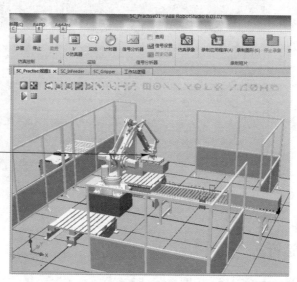

图 6-39

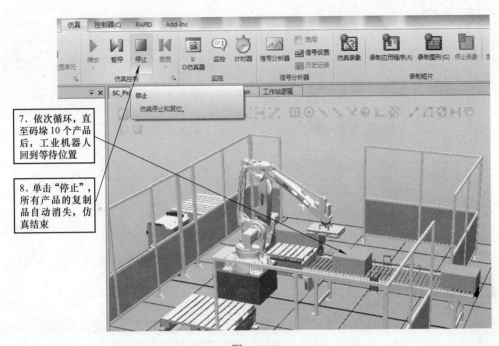

7. 依次循环，直至码垛10个产品后，工业机器人回到等待位置

8. 单击"停止"，所有产品的复制品自动消失，仿真结束

图 6-40

仿真验证完成后，为了美观，将运输链前端的产品源隐藏。

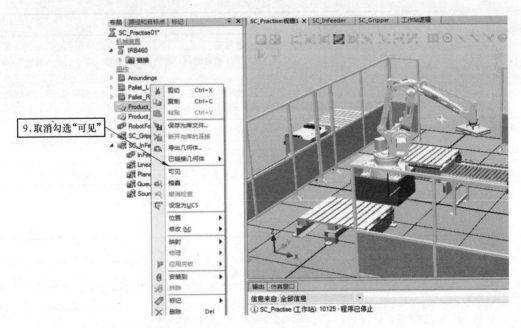

9. 取消勾选"可见"

图 6-41

可以利用共享中的打包功能，将制作完成的码垛仿真工作站进行打包并与他人分享（图6-42）。

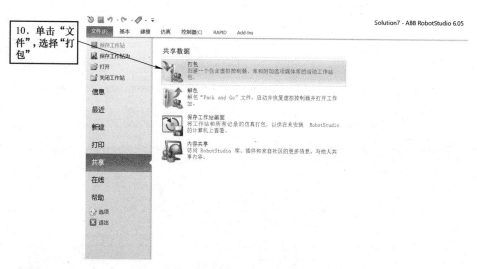

图　6-42

6.5　Smart 组件的子组件

Robot Studio 以列表的形式显示 Smart 组件中包含的所有对象。已连接至库的文件会使用特殊的图标表示出来。先列出 Smart 组件，后跟随其他类型对象。

如果在列表中选择了对象，则右侧的面板中会显示表 6-2 所示命令。

表　6-2

命　令	说　明
Add component（添加组件）	1）为组件添加一个子对象 2）可以选择内置的基本智能组件、新的空智能组件、库中的文件或文件中的几何零部件 3）基本组件是根据使用情况以子菜单方式组织的。例如信号与属性、传感器、操作等。最近使用的基本组件将被列在顶部
Edit parent（编辑父对象）	将编辑器中的内容转换为当前编辑组件的父级对象属性
Disconnect from library（断开与库的连接）	将所选的对象断开其与库的连接，允许修改该对象
Export to XML（导出为 XML）	打开一个窗口，利用它导出并定义组件，属性另存为 *.rsxml 文件

右击所选的对象，显示表 6-3 所示命令。

表　6-3

命　令	说　明
Edit（编辑）	将编辑器中的内容设置为所选的子对象的属性
Delete（删除）	删除该子对象
Show in Browser（在浏览栏中显示）	指示出该对象是否会显示在布局浏览器中
Set as Role（设定为 Role）	将该对象设置为组件的 Role。Smart 组件将继承部分 Role 的特性。例如，将一个组件（使用工具作为 Role）安装到工业机器人上，则还需要创建一个工具坐标
Properties（属性）	打开对象的属性编辑器

6.5.1 "信号与属性"子组件

1. LogicGate

Output 信号由 InputA 和 InputB 这两个信号的 Operator 中指定的逻辑运算设置，延迟在 Delay 中指定。Logic Gate 属性及信号说明见表 6-4。

表　6-4

属　　性	说　　明
Operator	1）使用的逻辑运算的运算符，有 AND、OR、XOR、NOT、NOP 2）Delay 用于设定输出信号延迟时间
信　　号	说　　明
InputA	第一个输入信号
InputB	第二个输入信号
Output	逻辑运算的结果

2. LogicExpression

评估逻辑表达式。LogicExpression 属性及信号说明见 6-5。

表　6-5

属　　性	说　　明
String	要评估的表达式
Operator	使用的各种运算符，有 AND、OR、XOR、NOT
信　　号	说　　明
结果	包含评估结果

3. LogicMux

依照 Output=（Input A*NOT Selector）+（Input B*Selector），设定 Output。LogicMux 信号说明见表 6-6。

表　6-6

信　　号	说　　明
Selector	当为低时，选中第一个输入信号，当为高时，选中第二个输入信号
InputA	指定第一个输入信号
InputB	指定第二个输入信号
Output	指定运算结果

4. LogicSplit

LogicSplit 获得 Input 并将 OutputHigh 设为与 Input 相同，将 OutputLow 设为与 Input 相反。Input 设为 High 时，PulseHigh 发出脉冲；Input 设为 Low 时，PulseLow 发出脉冲。LogicSplit 信号说明见表 6-7。

表　6-7

信　号	说　明
Input	指定输入信号
OutputHigh	当 Input 设为 1 时，转为 High（1）
OutputLow	当 Input 设为 1 时，转为 High（0）
PulseHigh	当 Input 设为 High 时，发送脉冲
PulseLow	当 Input 设为 Low 时，发送脉冲

5. LogicSRLatch

用于置位 / 复位信号，并带锁定功能。LogicSRLatch 信号说明见表 6-8。

表　6-8

信　号	说　明
Set	设置输出信号
Reset	复位输出信号
Output	指定输出信号
InvOutput	指定反转输出信号

6. Converter

在属性值和信号值之间转换。Converter 属性说明见表 6-9。

表　6-9

属　性	说　明
AnalogProperty	要评估的表达式
DigitalProperty	转换为 DigitalOutput
GroupProperty	转换为 GroupOutput
BooleanProperty	由 DigitalInput 转换为 DigitalOutput
DigitalInput	转换为 DigitalProperty
DigitalOutput	由 DigitalProperty 转换
AnalogInput	转换为 AnalogProperty
AnalogOutput	由 AnalogProperty 转换
GroupInput	转换为 GroupProperty
GroupOutput	由 GroupProperty 转换

7. VectorConverter

在 Vector 和 X、Y、Z 值之间转换。VectorConverter 信号说明见表 6-10。

表　6-10

信　号	说　明
X	指定 Vector 的 X 值
Y	指定 Vector 的 Y 值
Z	指定 Vector 的 Z 值
Vector	指定向量值

8. Expression

Expression（表达式）包括数字字符（包括 PI），圆括号，数字运算符 s、+、−、*、/、∧（幂）和数字函数 sin、cos、sqrt、atan、abs。其他字符串被视作变量，作为添加的附加信息。结果将显示在 Result 框中。Expression 信号说明见表 6-11。

表 6-11

信　号	说　明
Expression	指定要计算的表达式
Result	显示计算结果

9. Comparer

Comparer 使用 Operator 对第一个值和第二个值进行比较。当满足条件时，将 Output 设为 1。Comparer 属性及信号说明见表 6-12。

表 6-12

属　性	说　明
ValueA	指定第一个值
ValueB	指定第二个值
Operator	指定比较运算符，包括 ==、! =、> =、<、< =
信　号	说　明
Output	当比较结果为 True 时，表示为 True；否则为 False

10. Repeater

脉冲 Output 信号的 Count 次数。Repeater 属性及信号说明见表 6-13。

表 6-13

属　性	说　明
Count	指定当前值
信　号	说　明
Output	当信号设为 True 时，将在 Count 中加 1
Decrease	当信号设为 True 时，将在 Count 中减 1
Reset	当 Reset 设为 high 时，将 Count 复位为 0

11. Timer

Timer 用于指定间隔脉冲 Output 信号。如果未选中 Repeat，在 Interval 中指定的间隔后将触发一个脉冲；如果选中 Repeat，在 Interval 指定的间隔后重复触发脉冲。Timer 属性及信号说明见表 6-14。

表 6-14

属 性	说 明
StartTime	指定触发第一个脉冲前的时间
Interval	指定每个脉冲间隔的仿真时间
Repeat	指定信号是重复还是仅执行一次
Current time	指定当前仿真时间
信 号	说 明
Active	将该信号设为 True，启用 Timer；设为 False，停用 Timer
Output	在指定时间间隔发出脉冲

12. StopWatch

StopWatch 计量了仿真的时间（TotalTime）。触发 Lap 输入信号将开始新的循环。LapTime 显示当前单圈循环的时间。只有 Active 设为 1 时才开始计时。当设置 Reset 输入信号时，时间将被重置。StopWatch 属性及信号说明见表 6-15。

表 6-15

属 性	说 明
TotalTime	指定累计时间
LapTime	指定当前单圈循环的时间
AutoReset	如果是 True，当仿真开始时 TotalTime 和 LapTime 将被设为 0
信 号	说 明
Active	设为 True 时启用 StopWatch，设为 False 时停用 StopWatch
Reset	当该信号为 High 时，将重置 TotalTime 和 Laptime
Lap	开始新的循环

6.5.2 "参数与建模"子组件

1. ParametricBox

ParametricBox 生成一个指定长度、宽度和高度的方框。其属性及信号说明见表 6-16。

表 6-16

属 性	说 明
SizeX	设 X 轴方向指定该方框固定的长度
SizeY	设 Y 轴方向指定该方框固定的宽度
SizeZ	设 Z 轴方向指定该方框固定的高度
GeneratedPart	指定生成的部件
KeepGeometry	设置为 False 时，将删除生成部件中的几何信息。这样可以使其他组件如 Source 执行得更快
信 号	说 明
Update	设置该信号为 1 时，更新生成的部件

2. ParametricCircle

ParametricCircle 根据给定的半径生成一个圆。其属性及信号见表 6-17。

表 6-17

属　性	说　明
Radius	指定圆周的半径
GenertedPart	指定生成的部件
GenertedWire	指定生成的线框
KeepGeometry	设置为 False 时，将删除生成部件中的几何信息。这样可以使其他组件如 Source 执行得更快
信　号	说　明
Update	设置该信号为 1 时，更新生成的部件

3. ParametricCylinder

ParametricCylinder 根据给定的 Radius 和 Height 生成一个圆柱体。其属性及信号说明见表 6-18。

表 6-18

属　性	说　明
Radius	指定圆柱体的半径
Height	指定圆柱体的高
GeneratedPart	指定生成的部件
KeepGeometry	设置为 False 时，将删除生成部件中的几何信息。这样可以使其他组件如 Source 执行得更快
信　号	说　明
Update	设置该信号为 1 时，更新生成的部件

4. Parametricline

Parametricline 根据给定端点和长度生成线段。如果端点或长度发生变化，生成的线段将随之更新。其属性及信号说明见表 6-19。

表 6-19

属　性	说　明
EndPoint	指定线段的端点
Height	指定线段的长度
GeneratedPart	指定生成的部件
GeneratedWire	指定生成的线框
KeepGeometry	设置为 False 时，将删除生成部件中的几何信息。这样可以使其他组件如 Source 执行得更快
信　号	说　明
Update	设置该信号为 1 时，更新生成的部件

5. LinearExtrusion

LinearExtrusion 沿着 Projection 指定的方向拉伸 SourceFace 或 SourceWire。其属性说明

见表 6-20。

表 6-20

属　　性	说　　明
SourceFace	指定要拉伸的面
SourceWire	指定要拉伸的线
Projection	指定要拉伸的方向
GeneratedPart	指定生成的部件
KeepGeometry	设置为 False 时，将删除生成部件中的几何信息。这样可以使其他组件如 Source 执行得更快

6. CirularRepeater

CirularRepeater 根据给定的 DeltaAngle 沿 SmartComponent 的中心创建一定数量的 Source 的复制。其属性说明见表 6-21。

表 6-21

属　　性	说　　明
Source	指定要复制的对象
Count	指定要创建的复制的数量
Radius	指定圆周的半径
DeltaAngle	指定复制间的角度

7. LinearRepeater

LinearRepeater 根据 Offset 给定的间隔和方向创建一定数量的 Source 的复制。其属性说明见表 6-22。

表 6-22

属　　性	说　　明
Source	指定要复制的对象
Offset	指定复制间的距离
Count	指定要创建的复制的数量

8. MatrixRepeater

MatrixRepeater 在三维环境中以指定的间隔创建指定数量的 Source 对象的复制。其属性说明见表 6-23。

表 6-23

属　　性	说　　明
Source	指定要复制的对象
CountX	指定在 X 轴上复制的数量
CountY	指定在 Y 轴上复制的数量
CountZ	指定在 Z 轴上复制的数量
OffsetX	指定在 X 轴上复制间的偏移
OffsetY	指定在 Y 轴上复制间的偏移
OffsetZ	指定在 Z 轴上复制间的偏移

6.5.3 "传感器"子组件

1. Collisionsensor

Collisionsensor 检测第一个对象和第二个对象间的碰撞和接近丢失。如果其中一个对象没有指定,将检测另外一个对象在整个工作站中的碰撞。当 Active 信号为 High、发生碰撞或接近丢失且组件处于活动状态时,设置 SensorOut 信号并在属性编辑器的第一个碰撞部件和第二个碰撞部件中报告发生碰撞或接近丢失的部件。其属性及信号说明见表 6-24。

表 6-24

属 性	说 明
Object1	检测碰撞的第一个对象
Object2	检测碰撞的第二个对象
NearMiss	指定接近丢失的距离
Part1	第一个对象发生碰撞的部件
Part2	第二个对象发生碰撞的部件
CollisionType	有 None、NearMiss、Collision 三个选项
信 号	说 明
Action	指定 CollisionSensor 是否激活
SensorOut	当发生碰撞或接近丢失时为 True

2. LineSensor

LineSensor 根据 Start、End 和 Radius 定义一条线段。当 Active 信号为 High 时,传感器将检测与该线段相交的对象。相交的对象显示在 ClosestPart 中,距离传感器起点最近的相交点显示在 ClosestPoint 属性中。出现相交时,会设置 SensorOut 输出信号。其属性及信号说明见表 6-25。

表 6-25

属 性	说 明
Start	指定起始点
End	指定结束点
Radius	指定半径
SensedPart	指定与 LineSensor 相交的部件。如果有多个部件相交,则列出距离起始点最近的部件
SensedPoint	指定相交对象上距离起始点最近的点
信 号	说 明
Active	指定 LineSensor 是否激活
SensorOut	当 Sensor 与某一对象相交时为 True

3. PlaneSensor

PlaneSensor 通过 Origin、Axis1 和 Axis2 定义平面。设置 Active 输入信号时,传感器会检测与平面相交的对象。相交的对象将显示在 SensedPart 属性中。出现相交时,将设置

SensedOut 输出信号。其属性及信号说明见表 6-26。

表 6-26

属　性	说　明
Origin	指定平面的原点
Axis1	指定平面的第一个轴
Axis2	指定平面的第二个轴
SensedPart	指定与 PlaneSensor 相交的部件。如果多个部件相交，则在布局浏览器中第一个显示的部件将被选中
信　号	说　明
Active	指定 PlaneSensor 是否被激活
SensorOut	当 Sensor 与某一对象相交时为 True

4. VolumeSensor

VolumeSensor 检测全部或部分位于箱体内的对象。体积用角点、边长、边高、边宽和方位角定义。其属性及信号说明见表 6-27。

表 6-27

属　性	说　明
CornerPoint	指定箱体的本地原点
Orientation	指定对象相对于参考坐标和对象的方向（Euler ZYX）
Length	指定箱体的长度
Width	指定箱体的宽度
Height	指定箱体的高度
Percentage	做出反应的体积百分百。若设为 0，则对所有对象做出反应
PartiaHit	允许仅当对象的一部分位于容积传感器时，才侦测对象
SensedPart	最近进入或离开容积的对象
SensedParts	在容积传感器中侦测到的对象
VolumeSensed	侦测的总体积
信　号	说　明
Active	若设为"高（1）"，将激活传感器
ObjectDetectedOut	当在容积传感器内检测到对象时，若设为"高（1）"，在检测到对象后，将立即被重置
ObjectDeletedOut	当在容积传感器内检测到对象时，若设为"高（1）"，在对象离开容积传感器后，将立即被重置
SensorOut	当容积传感器被充满时，将变为"高（1）"

5. PositionSensor

PositionSensor 监视对象的位置和方向，对象的位置和方向仅在仿真期间被更新。其属性说明见表 6-28。

表　6-28

属　　性	说　　明
Object	指定要进行映射的对象
Reference	指定参考坐标系（Parent 或 Global）
ReferenceObject	如果将 Reference 设置为 Object，指定参考对象
Position	指定对象相对于参考坐标和对象的位置
Orientation	指定对象相对于参考坐标和对象的方向（EulerZYX）

6. ClosestObject

ClosestObject 定义了参考对象或参考点。设置 Execute 信号时，组件会找到 ClosestObject、ClosestPart 和相对于参考对象或参考点的 Distance。如果定义了 RootObject，则会将搜索的范围限制为该对象和其同源的对象。完成搜索并更新了相关属性时，将设置 Executed 信号。其属性及信号说明见表 6-29。

表　6-29

属　　性	说　　明
ReferenceObject	指定平面的原点
ReferencePoint	指定平面的第一个轴
RootObject	指定平面的第二个轴
ClosestObject	指定与 PlaneSensor 相交的部件，如果多个部件相交，则在布局浏览器中第一个显示的部件将被选中
ClosestPart	指定距参考对象或参考点最近的部件
Distance	指定参考对象和最近的对象之间的距离
信　　号	说　　明
Execute	设该信号为 True，开始查找最近的部件
Executed	当完成时发出脉冲

6.5.4　"动作"子组件

1. Attacher

设置 Execute 信号时，Attacher 将 Child 安装到 Parent 上。如果 Parent 为机械装置，还必须指定要安装的 Flange。设置 Excute 输入信号时，子对象将安装到父对象上。如果选中 Mount，还会使用指定的 Offset 和 Orientation 将子对象装配到父对象上。完成时，将设置 Executed 输出信号。Attacher 属性及信号说明见表 6-30。

表 6-30

属　性	说　明
Parent	指定子对象要安装在哪个对象上
Flange	指定要安装在机械装置的哪个法兰上（编号）
Child	指定要安装的对象
Mount	如果为 True，子对象装配在父对象上
Offset	当使用 Mount 时，指定相对于父对象的位置
Orientation	当使用 Mount 时，指定相对于父对象的方向
信　号	说　明
Execute	设为 True 进行安装
Executed	当完成时发出脉冲

2．Detacher

设置 Execute 信号时，Detacher 会将 Child 从其所安装的父对象上拆除。如果选中了 KeepPosition，位置将会保持不变，否则相对于其父对象放置子对象。完成时，将设置 Executed 信号。Detacher 属性及信号说明见表 6-31。

表 6-31

属　性	说　明
Child	指定要拆除的对象
KeepPosition	如果为 False，被安装的对象将返回其原始的位置
信　号	说　明
Execute	设该信号为 True，移除安装的物体
Executed	当完成时发出脉冲

3．Source

源组件的 Source 属性表示在收到 Execute 输入信号时应复制的对象。所复制对象的父对象由 Parent 属性定义，而 Copy 属性则是对所复制对象的参考。输出信号 Executed 表示复制已完成。Source 属性及信号说明见表 6-32。

表 6-32

属　性	说　明
Source	指定要复制的对象
Copy	指定复制
Parent	指定要复制的父对象。如果未指定，则将复制与源对象相同的父对象
Position	指定复制相对于其父对象的位置
Orientation	指定复制相对于其父对象的方向
Transient	如果在仿真时创建了复制，将其标志为瞬时的。这样的复制不会被添加至撤销队列中，且在仿真停止时自动被删除。这样可以避免在仿真过程中过分消耗内存
信　号	说　明
Execute	设该信号为 True，创建对象的复制
Executed	当完成时发出脉冲

4．Sink

Sink 会删除 Object 属性参考的对象。当收到 Execute 输入信号时开始删除。删除完成时设置 Executed 输出信号。其属性及信号说明见表 6-33。

表 6-33

属 性	说 明
Object	指定要移除的对象
信 号	说 明
Execute	设该信号为 True，移除对象
Executed	当完成时发出脉冲

5. Show

设置 Execute 信号时，将显示 Object 中参考的对象。完成时，将设置 Executed 信号。Show 属性及信号说明见表 6-34。

表 6-34

属 性	说 明
Object	指定要显示的对象
信 号	说 明
Execute	设该信号为 True，以显示对象
Executed	当完成时发出脉冲

6. Hide

设置 Execute 信号时，将隐藏 Object 中参考的对象。完成时，将设置 Execute 信号。Hide 属性及信号说明见表 6-35。

表 6-35

属 性	说 明
Object	指定要隐藏的对象
信 号	说 明
Execute	设置该信号为 True，隐藏对象
Executed	当完成时发出脉冲

6.5.5 "本体"子组件

1. LinearMover

LinearMover 会按 Speed 属性指定的速度，沿 Direction 属性中指定的方向，移动 Object 属性中参考的对象。设置 Execute 信号时开始移动，重设 Execute 时停止。其属性及信号说明见表 6-36。

表 6-36

属 性	说 明
Object	指定要移动的对象
Direction	指定要移动对象的方向
Speed	指定移动速度
Reference	指定参考坐标系。可以是 Global、Local 或 Object
ReferenceObject	如果将 Reference 设置为 Object，指定参考对象
信 号	说 明
Execute	将该信号设为 True 时开始旋转对象，设为 False 时停止

2. LinearMover2

LinearMover2 将指定物体移动到指定的位置。其属性及信号说明见表 6-37。

表 6-37

属　　性	说　　明
Object	指定要移动的对象
Direction	指定要移动对象的方向
Distance	指定移动距离
Duration	指定移动的时间
Reference	指定参考坐标系。可以是 Global、Local 或 Object
ReferenceObject	如果将 Reference 设置为 Object，指定参考对象
信　　号	说　　明
Execute	将该信号设为 True 时开始旋转对象，设为 False 时停止
Executed	移动完成后输出脉冲信号
Executing	移动执行过程中输出执行信号

3. Rotator

Rotator 会按 Speed 属性指定的旋转速度旋转 Object 属性中参考的对象。旋转轴通过 CenterPoint 和 Axis 进行定义。设置 Execute 输入信号时开始运动，重设 Execute 时停止运动。其属性及信号说明见表 6-38。

表 6-38

属　　性	说　　明
Object	指定旋转围绕的点
CenterPoint	指定要移动对象的方向
Axis	指定旋转轴
Speed	指定旋转速度
Reference	指定参考坐标系。可以是 Global、Local 或 Object
ReferenceObject	如果将 Reference 设置为 Object，指定参考对象
信　　号	说　　明
Execute	将该信号设为 True 时开始旋转对象，设为 False 时停止

4. Rotator2

Rotator2 使指定物体绕着指定坐标轴旋转指定的角度。其属性及信号说明见表 6-39。

表 6-39

属　　性	说　　明
Object	指定旋转围绕的点
CenterPoint	指定要移动对象的方向
Axis	指定旋转轴
Duration	指定旋转时间
Reference	指定参考坐标系。可以是 Global、Local 或 Object
ReferenceObject	如果将 Reference 设置为 Object，指定参考对象
信　　号	说　　明
Execute	将该信号设为 True 时开始旋转对象，设为 False 时停止
Executed	旋转完成后输出脉冲信号
Executing	旋转过程中输出执行信号

5. Positioner

Positioner 具有对象、位置和方向属性。设置 Execute 信号时开始将对象向相对于 Reference 的给定位置移动。完成时设置 Executed 输出信号。其属性及信号说明见表 6-40。

表 6-40

属　　性	说　　明
Object	指定要放置的对象
Position	指定对象要放置到的新位置
Orientation	指定对象的新方向
Reference	指定参考坐标系。可以是 Global、Local 或 Object
ReferenceObject	如果将 Reference 设置为 Object，则是指定相对的 Position 和 Orientation
信　　号	说　　明
Execute	将该信号设为 True 时开始旋转对象，设为 False 时停止
Executed	当操作完成时设为 1

6. PoseaMover

PoseaMover 包含 Mechanism、Pose 和 Duration 等属性。设置 Execute 输入信号时，机械装置的关节值移向给定姿态。达到给定姿态时，设置 Executed 输出信号。其属性及信号说明见表 6-41。

表 6-41

属　　性	说　　明
Mechanism	指定要进行移动的机械装置
Pose	指定要移动到的姿势的编号
Duration	指定机械装置移动到指定姿态的时间
信　　号	说　　明
Execute	将该信号设为 True 时开始移动对象，设为 False 时停止
Pause	暂停操作
Cancel	取消动作
Executed	当机械装置达到位姿时为 Pulses high
Executing	在运动过程中为 High
Paused	当暂停时为 High

7. JointMover

JointMover 包含机械装置、关节值和执行时间等属性。当设置 Execute 信号时，机械装置的关节向给定的位姿移动。当达到位姿时，使 Executed 输出信号。使用 GetCurrent 信号可以重新找回机械装置当前的关节值。Joint Mover 属性及信号说明见表 6-42。

表 6-42

属　性	说　明
Mechanism	指定要进行移动的机械装置
Relative	指定 J1 ～ J× 是否是起始位置的相对值，而非绝对关节值
Duration	指定机械装置移动到指定姿态的时间
J1 ～ J×	关节值

信　号	说　明
GetCurrent	重新找回当前关节
Execute	设为 True，开始或重新开始移动机械装置
Pause	暂停运动
Cancel	取消运动
Executed	当机械装置达到位姿时为 Pulses high
Executing	在运动过程中为 High
Paused	当暂停时为 High

8. MoveAlongCurve

LinearMover 会按 Speed 属性指定的速度，沿 Direction 属性中指定的方向，移动 Object 属性中参考的对象。设置 Execute 信号时开始移动，重设 Execute 时停止。MoveAlongCurve 属性及信号说明见表 6-43。

表 6-43

属　性	说　明
Object	指定要移动的对象
Direction	指定要移动对象的方向
Speed	指定移动速度
Reference	指定参考坐标系。可以是 Global、Local 或 Object
ReferenceObject	如果将 Reference 设置为 Object，指定参考对象

信　号	说　明
Execute	将该信号设为 True 时开始移动对象，设为 False 时停止

6.5.6 "其他"子组件

1. GetParent

GetParent 返回输入对象的父对象。找到父对象时，将触发"已执行"信号。其属性及信号说明见表 6-44。

表 6-44

属　性	说　明
Child	指定一个对象，寻找该对象的父级
Parent	指定子对象的父级

信　号	说　明
Output	如果父级存在则为 High（1）

2. GraphicSwitch

通过单击图形中的可见部件或设置重置输入信号在两个部件之间转换。GraphicSwitch 属性及信号说明见表 6-45。

表　6-45

属　　性	说　　明
PartHigh	在信号为 High 时显示
PartLow	在信号为 Low 时显示
信　　号	说　　明
Input	输入信号
Output	输出信号

3. Highlighter

临时将所选对象显示为定义了 RGB 值的高亮色彩。高亮色彩混合了对象的原始色彩，通过 Opacity 进行定义。当信号 Active 被重设时，对象恢复原始颜色。Highlighter 属性及信号见表 6-46。

表　6-46

属　　性	说　　明
Object	指定要高亮显示的对象
Color	指定高亮颜色的 RGB 值
Opacity	指定对象原始颜色和高亮颜色混合的程度
信　　号	说　　明
Active	当为 True 时将高亮显示，当为 False 时恢复原始颜色

4. Logger

打印输出窗口的信息。Logger 属性及信号说明见表 6-47。

表　6-47

属　　性	说　　明
Format	字符串，支持变量如 {id：type}，类型可以为 d（double）、i（int）、s（string）、o（object）
Message	信息
Severity	信息级别：0（Information）、1（Warning）、2（Error）
信　　号	说　　明
Execute	设该信号为 High（1）打印信息

5. MoveToViewPoint

当设置输入信号 Execute 时，在指定时间内移动到选中的视角。当操作完成时，设置输出信号 Executed。MoveToViewPoint 属性及信号说明见表 6-48。

表 6-48

属　　性	说　　明
Viewpoint	指定要移动到的视角
Time	指定要完成操作的时间
信　　号	说　　明
Execute	设该信号为 High（1）开始操作
Executed	当操作完成时该信号转为 High（1）

6. ObjectComparer

比较 ObjectA 是否与 ObjectB 相同。ObjectComparer 属性及信号说明见表 6-49。

表 6-49

属　　性	说　　明
ObjectA	指定要进行对比的组件
ObjectB	指定要进行对比的组件
属　　性	说　　明
Output	如果两对象相等，则为 High

7. Queue

表示 FIFO（First In，First Out）队列。当信号 Enqueue 被设置时，在 Back 中的对象将被添加到队列中。队列前端对象将显示在 Front 中。当设置 Dequeue 信号时，Front 对象将从队列中移除。如果队列中有多个对象，下一个对象将显示在前端，当设置 Clear 信号时，队列中所有对象将被删除。如果 Transformer 组件以 Queue 组件作为对象，该组件将转换 Queue 组件中的内容而非 Queue 组件本身。Queue 属性及信号说明见表 6-50。

表 6-50

属　　性	说　　明
Back	指定 Enqueue 的对象
Front	指定队列的第一个对象
Queue	包含队列元素的唯一 ID 编号
NumberOfObjects	指定队列中的对象数目
信　　号	说　　明
Enqueue	将在 Back 中的对象添加至队列末尾
Dequeue	将队列前端的对象移除
Clear	将队列中所有对象移除
Delete	将在队列前端的对象移除，并将该对象从工作站移除
DeleteAll	清空队列，并将所有对象从工作站中移除

8. SoundPlayer

当输入信号被设置时，播放使用 SoundAsset 指定的声音文件，必须为 .wav 文件。SoundPlayer 属性及信号说明见表 6-51。

表　6-51

属　　性	说　　明
SoundAsset	指定要播放的声音文件, 必须为 .wav
信　　号	说　　明
Execute	设该信号为 High 时播放声音

9. StopSimulation

当设置了输入信号 Execute 时, 停止仿真。StopSimulation 属性说明见表 6-52。

表　6-52

属　　性	说　　明
Execute	设该信号为 High 时停止仿真

10. Random

当 Execute 被触发时, 生成最大最小值间的任意值。Random 属性及信号说明见表 6-53。

表　6-53

属　　性	说　　明
Min	指定最小值
Max	指定最大值
Value	在最大值和最小值之间任意指定一个值
信　　号	说　　明
Execute	设该信号为 High 时生成新的任意值
Executed	当操作完成时设为 High

11. SimulationEvents

当仿真开始和停止时, 发出脉冲信号。SimulationEvents 信号说明见表 6-54。

表　6-54

信　　号	说　　明
SimulationStarted	仿真开始时, 输出脉冲信号
SimulationStopped	仿真停止时, 输出脉冲信号

习　　题

1. 说明子组件 PlaneSensor、Attacher、Queue 和 LinearMover 的功能。
2. 在 Smart 组件中, 属性与连结、信号和连接分别设置的是什么内容?
3. 简述逻辑运算符 "AND" "OR" "XOR" "NOT" "NOP" 的含义。
4. 请使用 Smart 组件完成一个百分表指针旋转的仿真。

第 7 章

RAPID 基础编程

本章任务

1. 了解 RAPID 程序的结构
2. 掌握 RAPID 语言的数据类型及声明方法
3. 掌握 RAPID 语言中常用指令的使用方法
4. 会编写基本的 RAPID 程序

7.1 简介

RAPID 语言是 ABB 公司针对工业机器人进行逻辑、运动以及 I/O 控制开发的机器人编程语言。RAPID 语言类似于高级语言编程，与 VB 和 C 语言结构相近。PAPID 语言所包含的指令包含工业机器人运动的控制，系统设置的输入、输出，以及能实现决策、重复、构造程序、与系统操作员交流等功能。

7.1.1 程序结构

RAPID 语言采用分层编程方式，可为 ABB 工业机器人系统安装新程序、数据对象和数据类型。一个 RAPID 应用程序分为三个等级：任务、模块、例行程序。RAPID 应用被称作一项任务，一项任务包括一组模块，一个模块包含一组数据和程序声明。任务缓冲区用于存放系统当前在用（在执行、在开发）的模块。

RAPID 程序基本架构如图 7-1 所示。

RAPID 程序			
程序模块 1	程序模块 2	程序模块 3	程序模块 N
程序数据 主程序 main 例行程序 中断程序 功能	程序数据 例行程序 中断程序 功能	… … … …	程序数据 例行程序 中断程序 功能

图 7-1

RAPID 程序的架构说明：

1）RAPID 程序由程序模块与系统模块组成。一般只通过新建程序模块来构建工业机器人的程序，而系统模块多用于系统方面的控制。

2）可以根据不同的用途创建多个程序模块，如专门用于主控制的程序模块，用于位置计算的程序模块，用于存放数据的程序模块，这样便于归类管理不同用途的例行程序与数据。

3）每一个程序模块包含了程序数据、例行程序、中断程序和功能四种对象，但不一定在一个模块中都有这四种对象，程序模块之间的数据、例行程序、中断程序和功能是可以互相调用的。

4）在 RAPID 程序中，有且只有一个主程序 main，它可以存在于任意一个程序模块中，并且是作为整个 RAPID 程序执行的起点。

7.1.2　模块

RAPID 语言分程序模块和系统模块。一个程序模块被视作任务或应用的一部分，而一个系统模块被视作系统的一部分。

1. 系统模块

系统模块一般用于系统方面的控制，在系统启动期间自动加载到任务缓冲区，通常用系统模块定义常见的系统专用数据和程序，如工具、焊接数据、移动数据等。系统模块不会随程序一同保存，即对系统模块的任何更新都会影响程序内存中当前所有的或随后会载入其中的所有程序。

所有的 ABB 工业机器人都自带两个系统模块：USER 模块和 BASE 模块。USER 模块与 BASE 模块在工业机器人冷启动后自动生成。使用时，系统自动生成的任何模块都不能修改。

BASE 模块：存放工业机器人的基础数据（工具、工件、载荷）。

USER 模块：包含了工业机器人的自定义初始参数。

2. 程序模块

程序模块由各种数据和程序构成。每个程序模块可以包含程序数据、例行程序、中断程序和功能四种对象。模块或整个程序都可以复制到磁盘或内存盘等设备中，反之，也可以从这些设备中复制模块或程序。

其中一个模块中含有入口程序，它被称为 main 全局过程。执行程序实际上就是执行main 全局过程。程序模块可有多个模块，但其中一个模块必须包含一个 main 全局过程，有且仅有一个 main 全局过程。

所有例行程序与数据无论存在于哪个模块，全部被系统共享；所有例行程序与数据除特殊定义外，名称必须是唯一的。

7.1.3　程序操作

1. 模块操作

创建 ABB 工业机器人应用程序需先创建程序模块，通过工业机器人示教器进行模块创建，步骤如图 7-2 ～图 7-7 所示。

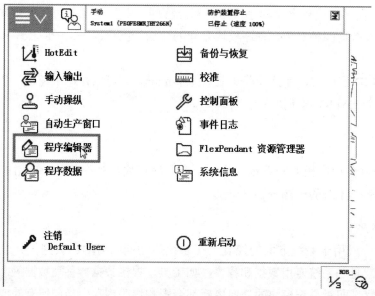

图　7-2

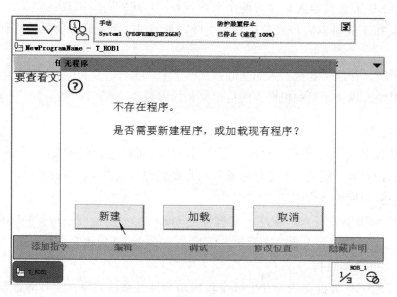

图　7-3

↘注意：

　　若单击"新建"，系统会自动创建一个名为"MainModule"的程序模块，且在该模块下创建一个 Main 例行程序。

　　若单击"加载"，表明模块已经存在，可以将该模块加载到任务中。

　　若单击"取消"，则进入程序模块列表，由读者自己创建模块。

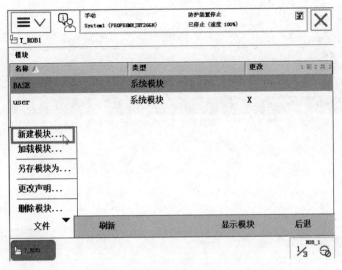

图 7-4

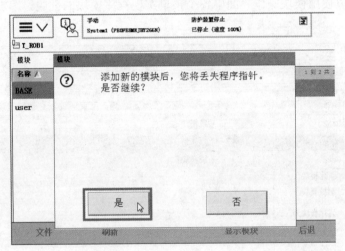

图 7-5

图 7-6

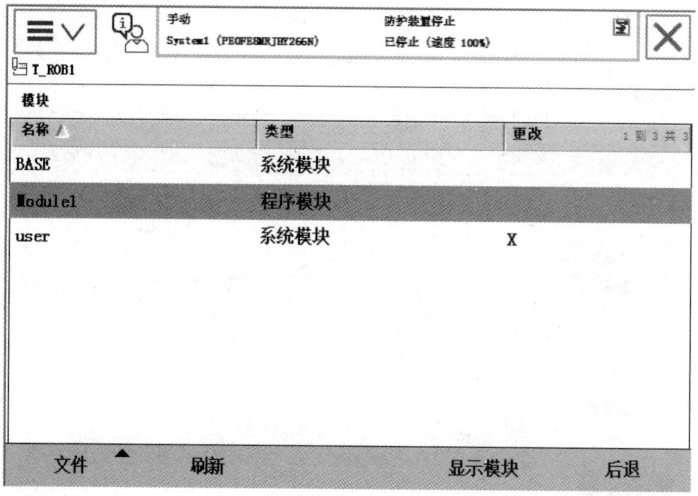

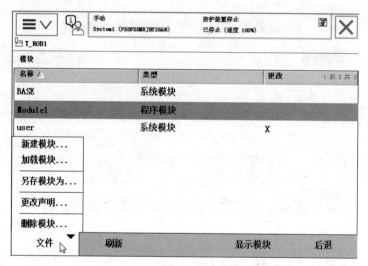

图 7-7

此外，还可以使用模块操作界面中各个菜单实现程序模块的创建、编辑、删除等操作，如图 7-8 所示。

图 7-8

模块操作界面菜单说明见表 7-1。

表 7-1

序 号	菜 单 项	说 明
1	新建模块	创建一个新模块，默认创建一个名为"Module"的程序模块
2	加载模块	通过外部 USB 存储设备加载已有的程序模块
3	另存模块为	保存当前程序模块至控制器或外部 USB 存储设备
4	更改声明	可以更改当前模块的名称和类型
5	删除模块	删除当前模块，操作不可逆

2. 例行程序创建

在程序模块中创建例行程序，步骤如图 7-9 ～图 7-13 所示。

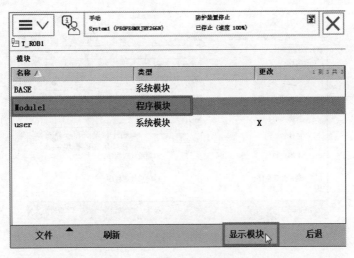

图 7-9

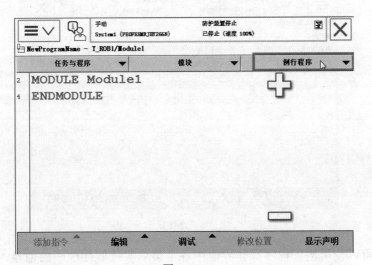

图 7-10

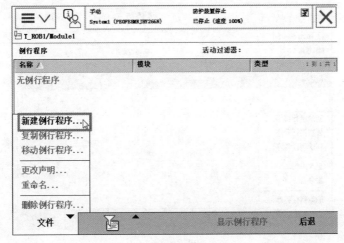

图 7-11

图　7-12

图　7-13

此外，还可以使用例行程序操作界面中各个菜单实现例行程序的创建、编辑、删除等操作，如图 7-14 所示。

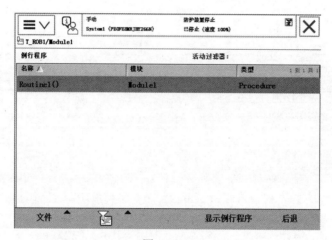

图　7-14

模块操作界面菜单说明见表 7-2。

表　7-2

序　号	菜 单 项	说　　明
1	新建例行程序	创建一个新例行程序，默认创建一个名为"Routine1"的例行程序
2	复制例行程序	复制当前例行程序，同时可以修改该例行程序名称、程序类型、程序所在的模块位置等
3	移动例行程序	将当前例行程序移动到其他模块
4	更改声明	可以更改当前例行程序的类型、参数及所在模块等
5	重命名	重命名例行程序
6	删除例行程序	删除当前例行程序，操作不可逆

3. 程序编辑

RAPID 例行程序由多个对机械臂工作加以说明的指令构成，不同操作对应不同的指令。读者可以在例行程序中进行指令编辑以实现工业机器人工作。例行程序编辑界面如图 7-15 所示，各菜单项说明见表 7-3。

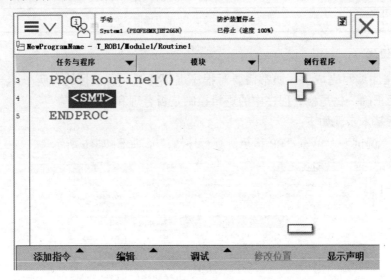

图　7-15

表　7-3

一级菜单项	二级菜单项		说　　明
添加指令	Common Various Motion&Proc. Communicate Error Rec. Mathematics Motion Adv. MultiTasking... Calib&Service M.C 2	Prog.Flow Settings I/O Interrupts System&Time MotionSetAdv Ext.Computer RAPIDsupport M.C 1 M.C 3	可以选择需要的指令添加到例行程序中

（续）

一级菜单项	二级菜单项	说　　　明
编辑	剪切	将选择内容剪切到剪辑板
	复制	将选择内容复制到剪辑板
	至顶部	将程序编辑页面滚动到第一页
	至底部	将程序编辑页面滚动到最后一页
	粘贴	将当前剪辑板中内容粘贴到选定行的下一行位置
	在上面粘贴	将当前剪辑板中内容粘贴到选定行的上一行位置
	更改选择内容	弹出待更改的变量
	ABC...	弹出键盘，可以直接进行指令编辑修改
	更改为 ...	将 MoveL 指令更改为 MoveJ；MoveJ 指令更改为 MoveL
	删除	删除选定内容
	备注行	将选择内容改为注释，不被程序执行
	撤销	撤销当前操作，最多可撤销 3 次
	重做	恢复当前操作，最多可恢复 3 次
	编辑	可以进行多行选定

4. 程序调试

RAPID 程序编写完成后，通常需要对程序进行调试。调试目的有两个：一是检查程序中位置点是否正确，二是检查程序中的逻辑控制是否合理和完善。

程序调试基本步骤如下：

1）单击"调试"，单击"PP 移至例行程序 ..."，如图 7-16 所示。

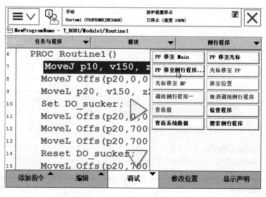

图　7-16

2）选择"Routine1"程序，单击"确定"，此时程序指针指向调试程序的第一条指令，如图 7-17 和图 7-18 所示。

3）手持示教器，按下使能按钮，进入电动机开启状态，按下单步向前按钮，逐条执行指令，读者便可以观察工业机器人运行及目标点位置是否正确。

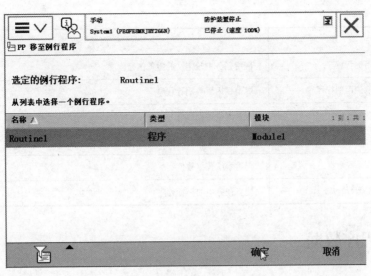

图　7-17

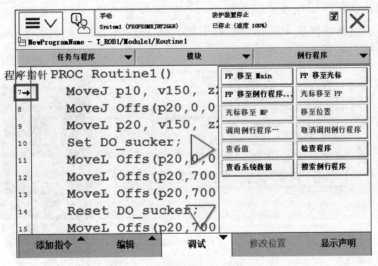

图　7-18

在"调试"菜单下的各个选项可方便读者调试程序，各菜单项说明见表 7-4。

表　7-4

序　号	菜　单　项	说　　明
1	PP 移至 Main	将程序指针移至主程序
2	PP 移至光标	将程序指针移至光标处
3	PP 移至例行程序	将程序指针移至指定例行程序
4	光标移至 PP	将光标移至程序指针处
5	光标移至 MP	将光标移至动作指针处
6	移至位置	工业机器人移动到当前光标位置处

（续）

序　号	菜　单　项	说　　明
7	调用例行程序	调用任务中预定义的服务例行程序
8	取消调用例行程序	取消调用服务例行程序
9	查看值	查看变量数据数值
10	检查程序	检查程序是否有错误
11	查看系统数据	查看系统数据数值
12	搜索例行程序	搜索任务中的例行程序

7.2　基本程序数据

7.2.1　程序数据的概念

　　程序数据是在程序模块或系统模块中设定的值和定义的一些环境数据。创建的程序数据由同一个模块或其他模块中的指令进行引用。图 7-19 中是一条常用的工业机器人圆弧运动的指令 MoveC，调用了四种程序数据。

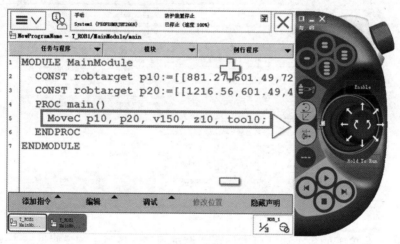

图　7-19

图 7-19 指令中的程序数据说明见表 7-5。

表　7-5

程　序　数　据	数　据　类　型	说　　明
p10、p20	robtarget	工业机器人运动目标位置数据
v150	speeddata	工业机器人运动速度数据
z10	zonedata	工业机器人运动转弯数据
tool0	tooldata	工业机器人工具数据TCP

7.2.2 程序数据的类型与分类

1. 程序数据的类型

ABB 工业机器人的程序数据类型有 100 余种，能满足大部分工艺需求，同时读者还可以根据实际情况进行程序数据的创建，为 ABB 工业机器人的程序设计带来了无限可能性。读者可以通过示教器的程序数据界面查看和创建所需要的程序数据，如图 7-20 所示。

程序数据 – 全部数据类型		
从列表中选择一个数据类型。		
范围: RAPID/T_ROB1		更改范围
		1 到 24 共 9
accdata	aiotrigg	bool
btnres	busstate	buttondata
byte	cameradev	cameraextdata
camerasortdata	cameratarget	clock
cnvcmd	confdata	confsupdata
corrdescr	cssframe	datapos
dionum	dir	dnum
errdomain	errnum	errstr
	显示数据	视图

图 7-20

2. 程序数据的存储类型

程序数据的存储类型可分为以下三种：

（1）变量 VAR 由 VAR 声明的存储类型称为变量，变量型数据在程序执行的过程中和停止时会保持当前的值，但如果程序指针复位或者工业机器人控制器重启，数据会恢复为声明变量时赋予的初始值。

举例说明：

VAR num num1:=0; 声明一个数字数据 num1，初值为 0

VAR string name:= "Jone"；声明一个字符数据 name，初值为 Jone

VAR bool flag1:=FALSE; 声明一个布尔量数据 flag1，初值为 FALSE

进行数据声明后，在程序编辑界面中的显示如图 7-21 所示。

```
MODULE Module2
    VAR num num1:=0;
    VAR bool flag1:=FALSE;
    VAR string name:="Jone";

ENDMODULE
```

图 7-21

在工业机器人执行的 RAPID 程序中也可以对变量存储类型的程序数据进行赋值的操作，如图 7-22 所示。

```
MODULE Module2
  VAR num num1:=0;
  VAR bool flag1:=FALSE;
  VAR string name:="Jone";
  PROC main()
    num1 := num1 - 1;
    name := "jone";
    flag1 := TRUE;
  ENDPROC
```

图 7-22

在程序执行时，变量数据的值因为程序中的赋值发生了改变，但在指针复位后将恢复为初始值。

（2）可变量 PERS　由 PERS 声明的存储类型称为可变量，与变量类型相比，可变量最大的特点是，无论程序的指针如何，可变量型数据都会保持最后赋予的值。

举例说明：

PERS num num2:=1;　声明一个名称为 num2 的数字可变量，初值为 1

PERS string test:=“Hello”;　声明一个名称为 test 的字符可变量，初值为 Hello

在工业机器人执行的 RAPID 程序中也可以对可变量存储类型程序数据进行赋值的操作，如图 7-23 所示。

```
PERS num num2:=1;
PERS string test1:="Hello";
PROC Routine3()
  num2 := num2 - 1;
  test1 := "hello";
ENDPROC
```

图 7-23

在程序执行后，赋值的结果会一直保持，与程序指针的位置无关，直到对数据重新赋值才会改变原来的值。

（3）常量 CONST　由 CONST 声明的存储类型称为常量，常量的特点是在定义时就已经赋予了数值，并不能在程序中进行修改，除非手动修改，否则数值一直不变。

举例说明：

CONST num PI:=3.14;　声明一个数字常量 PI

CONST string greating:=“HI”;　声明一个字符常量 greating

↘注意：

存储类型为常量的程序数据，不允许在程序中进行赋值的操作。

3. 变量作用域

变量作用域是指在程序中定义的变量在什么范围能够访问到它。在 RAPID 程序中定义的变量有三种作用域。

（1）全局变量　不加额外修饰符、默认定义的变量是全局变量，其作用范围为全部模块。

（2）局部变量　由 LOCAL 声明的变量为局部变量，局部变量的作用范围是当前模块。

（3）任务变量　由 TASK 声明的变量为任务变量，其作用范围是当前作业任务。

举例如下：

VAR num globalvar := 123;　全局变量

TASK VAR num taskvar := 456; 任务变量

LOCAL VAR num localvar := 789; 局部变量

4. 常用的程序数据

根据不同的数据用途，在程序编辑中，定义了不同的程序数据，表 7-6 是工业机器人系统中常用的程序数据。

表　7-6

类　　别	名　称	说　　明
基本数据	bool	布尔量，取值为 TRUE 或 FALSE
	byte	字节数据，取值范围为 0 ～ 255
	num	数值数据，可存储整数或小数，整数取值范围为 –8388607 ～ 8388608
	dnum	双数值数据，可存储整数或小数，整数取值范围为 –4503599627370495 ～ 4503599627370496
	string	字符串，最多 80 个字符
I/O 数据	dionum	数字输入 / 输出信号
	signaldi	数字量输入信号
	signaldo	数字量输出信号
	signalgi	数字量输入信号组
	signalgo	数字量输出信号组
	signalai	模拟量输入信号
	signalao	模拟量输出信号
运动相关数据	robtarget	位置数据，定义工业机器人与外轴的位置
	robjoint	关节数据，定义工业机器人各个关节位置
	speeddata	速度数据，定义工业机器人与外轴的移动速率，包含四个参数： v_tcp，表示工具中心点速率，单位 mm/s v_ori，表示 TCP 重定位速率，单位（°）/s v_leax，表示线性外轴的速率，单位 mm/s v_reax，表示旋转外轴速率，单位（°）/s
	zonedata	区域数据，定义 TCP 转弯半径数据
	tooldata	工具数据，定义工具特征，包括工具中心点 TCP 的位置和方向及工具的负载
	wobjdata	工件数据，定义工件的位置及状态
	loaddata	负载数据，定义机械臂安装界面的负载

7.2.3　建立程序数据

程序数据的建立一般有两种方式，一种是直接在示教器的程序数据界面建立程序数据；另一种是在建立程序指令的同时自动生成对应的程序数据。

本节将介绍直接在示教器的程序数据界面建立程序数据的方法。下面以建立 num 型数据为例进行说明，操作步骤如下：

1）在 ABB 系统菜单中，选择"程序数据"，如图 7-24 所示。

图 7-24

2）选择数据类型"num"，单击"显示数据"，如图 7-25 所示。若未在列表中找到所需的数据类型，可以选择界面右下角"视图"，在上拉列表中选择"全部数据类型"，即可在列表中找到。

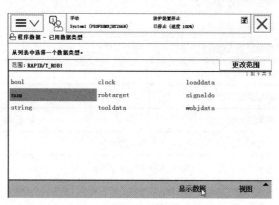

图 7-25

3）单击"新建 ..."，如图 7-26 所示。

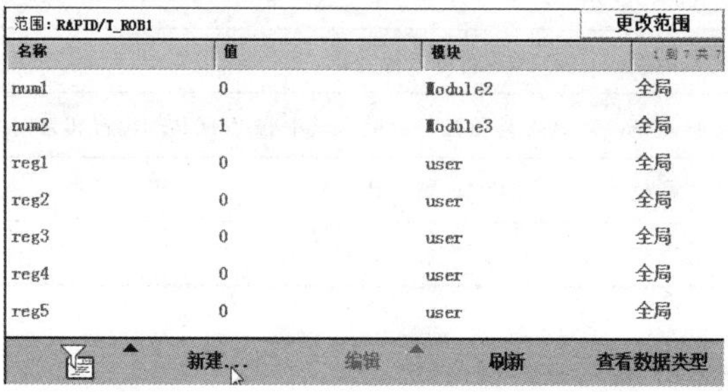

范围: RAPID/T_ROB1			更改范围
名称	值	模块	
num1	0	Module2	全局
num2	1	Module3	全局
reg1	0	user	全局
reg2	0	user	全局
reg3	0	user	全局
reg4	0	user	全局
reg5	0	user	全局

新建... 编辑 刷新 查看数据类型

图 7-26

4）进行名称、范围、存储类型、任务、模块、例行程序等参数设定，设定完成后单击

"确定"，如图 7-27 所示。

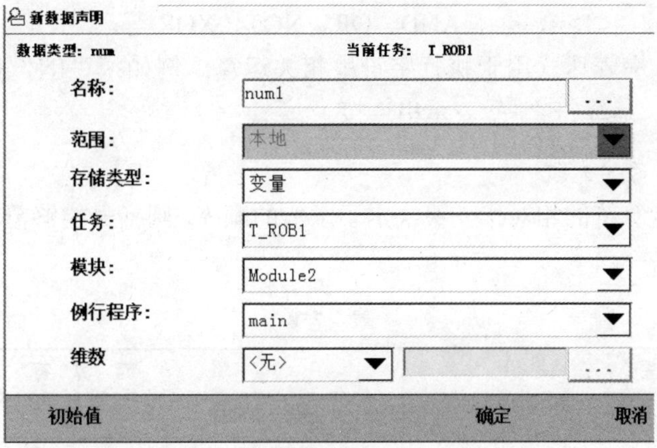

图 7-27

数据设定参数说明见表 7-7 所示。

表　7-7

设 定 参 数	说　　明
名称	设定数据的名称
范围	设定数据可使用的范围，包括全局、局部和任务三种
存储类型	设定数据的可存储类型，包括变量、可变量和常量
任务	设定数据所在的任务
模块	设定数据所在的模块
例行程序	设定数据所在的例行程序
维数	设定数据的维数
初始值	设定数据的初始值

7.3　表达式

1. 描述

表达式指定数值的评估。它可以用于以下几种情况：

1）在赋值指令中。例如，a:=3*b/c;。

2）作为 IF 指令中的一个条件。例如，IF a>=3 THEN ... ;。

3）指令中的变元。例如，WaitTime time;。

4）功能调用中的变元。例如，a:=Abs(3*b);。

2. 常用表达式类型

1）算术表达式。算术表达式用于求解数值。例如：2*pi*radius。运算符包括 +、−、*、/、

DIV、MOD 等。

2）逻辑表达式。逻辑表达式用于求逻辑值（TRUE/FALSE）。例如：a>5 AND b=3。运算符包括 <、<=、=、>、>=、<>、AND、OR、NOT、XOR 等。

3）串表达式。串表达式用于执行字符串相关运算。例如："IN"+"PUT"给出结果"INPUT"。其中，运算符"+"表示串连接。

3. 运算符之间的优先级

优先级规则：运算符的相对优先级决定了求值的顺序。圆括号能够覆写运算符的优先级。运算符优先级见表 7-8。

表 7-8

优 先 级	运 算 符
高	*、/、DIV、MOD
	+、-
	<、>、<>、<=、>=、=
	AND
低	XOR、OR、NOT

先求解优先级较高的运算符的值，然后再求解优先级较低的运算符的值。优先级相同的运算符则按从左到右的顺序挨个求值，见表 7-9。

表 7-9

示例表达式	求值顺序	说 明
a + b + c	(a+b) + c	从左到右的规则
a + b * c	a+ (b*c)	* 高于 +
a OR b OR c	(a OR b) OR c	从左到右的规则
a AND b OR c AND d	(a AND b) OR (c AND d)	AND 高于 OR
a < b AND c < d	(a<b) AND (c < d)	< 高于 AND

7.4 指令

ABB 工业机器人的 RAPID 编程提供了丰富的指令来完成各种简单与复杂的应用。

7.4.1 赋值指令

赋值指令 := 用于对程序数据进行赋值。赋值可以是一个常量或数学表达式。

格式：Data := Value;

说明：Data 为将被赋予新值的数据；Value 为赋予的值，可以是一个恒定值也可以是一个数学表达式。

举例：

reg1:=5;   常量赋值

reg2:=reg1+4;　数学表达式赋值

7.4.2　运动指令

工业机器人在空间进行运动主要有四种方式：关节运动（MoveJ）、线性运动（MoveL）、圆弧运动（MoveC）和绝对位置运动（MoveAbsJ）。

1. MoveJ（*关节运动指令*）

当运动不必是直线时，MoveJ 指令用于将工业机器人的工具中心点 TCP 从一个位置移动到另一个位置，两个位置之间的路径不一定是直线，所有轴均同时达到目的位置。MoveJ 指令只能用在主任务 T_ROB1 中，或者在多运动系统的运动任务中，适用于大范围的快速运动，不容易出现机械死点，在搬运等点对点的作业场合适用。

格式：MoveJ [\Conc] ToPoint [\ID] Speed [\V] | [\T] Zone [\Z] [\Inpos] Tool [\Wobj];

说明：

[\Conc]：当机器人运动的同时，后续的指令开始执行。该参数通常不使用，但是当使用飞点（fly by points）时，可以用来避免由 CPU 过载引起的不想要的停止。当使用高速度并且编程点相距较近时很有用。例如，当不要求与外部设备通信或外部设备和机器人通信同步时，这个参数也很有用。

ToPoint：工业机器人和外部轴的目标位置，数据类型为 robtarget。

[\ID]：在多运动系统中用于运动同步或协调同步，其他情况禁止使用。

Speed：运动速度，数据类型为 speeddata。

[\V]：指定指令中的 TCP 速度，以 mm/s 为单位，num 型数据。

[\T]：指定工业机器人运动的总时间，以 s 为单位，num 型数据。

Zone：转弯半径，数据类型为 zonedata。

[\Z]：指定工业机器人 TCP 的位置精度，num 型数据。

[\Inpos]：指定工业机器人 TCP 在停止点位置的收敛性判别标准。该停止点数据代替在 zone 参数中指定的区域。数据类型为 stoppointdata（停止点数据）。

Tool：当工业机器人运动时使用的工具，数据类型为 tooldata。

[\Wobj]：工件坐标系，数据类型为 wobjdata。

举例：

工业机器人实现从 P10 运动到 P20，如图 7-28 所示。

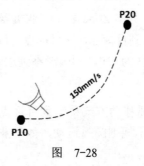

图　7-28

MoveJ　P20,v150,fine,tool1;

2. MoveL（线性运动指令）

工业机器人的工具中心（TCP）从起点到终点之间的路径始终保持为直线，如图 7-29 所示，工业机器人的运动轨迹是可预测的。MoveL 指令可以方便实现矩形、正方形、直线等平面运动轨迹，一般适合焊接、喷涂等对路径要求高的应用场合。注意：两点之间距离不要太远，否则容易出现死点。

格式：MoveL [\Conc] ToPoint [\ID] Speed [\V] | [\T] Zone [\Z] [\Inpos] Tool [\Wobj];

说明：同 MoveJ 指令中的各参数。

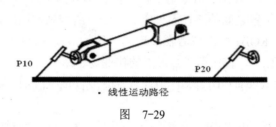

线性运动路径

图　7-29

举例：

工业机器人实现运动到 P1，再运动到 P2，如图 7-30 所示。

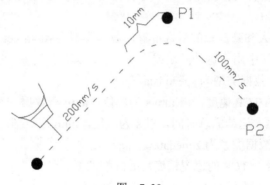

图　7-30

MoveL P1，v200，z10，tool1；

MoveL P2，v100，fine，tool1；

其中，P1/P2：目标点位置；v200/v100：工业机器人运动速度，单位为 mm/s；z10：转弯区数据，单位为 mm；tool1：工具中心点 TCP。

↳ 注意：

转弯区数据可以选择自定义，其中 Zone 表示工业机器人 TCP 不能达到目标点，动作圆滑流畅；fine 指工业机器人 TCP 达到目标点，在目标点速度降为 0，工业机器人动作有停顿，焊接时必须用。图 7-30 所示转弯区为 z10，则圆滑不到达 P1 点。

3. MoveC（圆弧运动指令）

工业机器人通过中间点以圆弧移动方式移动到目标点，当前点、中间点与目标点三点决定一段圆弧。MoveC 指令适用于规则圆弧运动，如工业机器人执行椭圆、标准圆形轨迹运动时，可以使用该命令。

工业机器人沿着可到达的空间范围内的三个点运动，第一个点为圆弧的起点，第二个点为圆弧的中点，第三个点为圆弧的终点，如图 7-31 所示。

格式：MoveC [\Conc] CirPoint ToPoint [\ID] Speed [\V] | [\T] Zone [\z] [\Inpos] Tool [\Wobj]；

说明：同 MoveJ 指令中的各参数。

举例：

工业机器人走一个圆形轨迹，如图 7-32 所示。

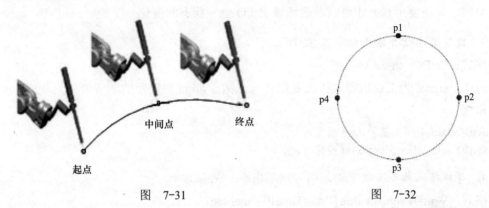

中间点　　　　终点

起点

图　7-31　　　　　　　　　　　　　　图　7-32

MoveC p2，p3，v100，z1，tool1；

MoveC p4，p1，v100，z1，tool1；

4. MoveAbsJ（绝对位置运动指令）

MoveAbsJ 属于快速运动指令，执行后工业机器人将以轴关节的最佳姿态迅速到达目标点位置，其运动轨迹具有不可预测性。

MoveAbsJ 指令常用于工业机器人六个轴回机械零点（0°）。

格式：MoveAbsJ [\Conc] ToJointPos [\ID] Speed [\V] | [\T] Zone [\Z] [\Inpos] Tool [\Wobj]；

说明：同 MoveJ 指令中的各参数。

举例：

MoveAbsJ *\NoEOffs, v1000, z50, tool1\Wobj:=wobj1;

其中，*：目标点位置数据；\NoEOffs：外轴不带偏移数据；v1000：运动速度，为 1000mm/s；z50：转弯区数据；tool1：工具坐标数据；wobj1：工件坐标数据。

7.4.3　I/O 控制指令

I/O 控制指令用于控制 I/O 信号，以达到与工业机器人周边设备进行通信的目的。

1. 数字信号输出置位指令 Set

格式：Set signal；

说明：signal 为工业机器人输出信号名称。

举例：

Set do15；　将信号 do15 设置为 1

Set weldon；将信号 weldon 设置为 1

2. 数字信号输出复位指令 Reset

格式：Reset signal；

说明：signal 为工业机器人输出信号名称。

举例：

Reset do15; 将信号 do15 设置为 0

Reset weld; 将信号 weld 设置为 0

提示：如果在 Set、Reset 指令前有运动指令 MoveJ、MoveL、MoveC、MoveAbsJ 的转弯区数据，必须使用 fine 才可以准确地输出 I/O 信号状态的变化。

3. 改变数字信号输出信号值 SetDO

格式：SetDO signal value;

说明：signal 为工业机器人待改变信号的名称；value 为信号的期望值，为 0 或 1。

举例：

SetDO do15, 1; 将信号 do15 设置为 1

SetDO weld, off; 将信号 weld 设置为 off

4. 等待输入指令（数字输入信号判断指令）WaitDI

格式：WaitDI signal,value [\MaxTime][\TimeFlag];

说明：用于判断数字输入信号的值是否与目标一致。

signal：输入信号名称。

value：信号的期望值，为 0 或 1。

[\MaxTime]：允许的最长等待时间，以 s 计。如果在满足条件之前耗尽该时间，则将调用错误处理器，采用错误代码 ERR_WAIT_MAXTIME；如果不存在错误处理器，则停止执行。

[\TimeFlag]：如果在满足条件之前耗尽最长允许时间，则包含该值的输出参数为 TRUE。如果该参数包含在本指令中，则不将其视为耗尽最长时间时的错误。如果 MaxTime 参数不包括在本指令中，则将忽略该参数。数据为 bool 类型。

举例：工业机器人等待工件到位信号。

WaitDI Di1/MaxTime:=5/TimeFlag:=flag1;

等待输入信号 Di1 值为 1，等待时间为 5s，5s 内得到相应信号则执行下一句指令，并将 flag1 置为 FALSE。超过 5s 未得到相应信号，则将 flag1 置为 TRUE，不执行下面的指令，并显示相应信息。

5. 等待输出指令（数字输出信号判断指令）WaitDO

格式：WaitDO signal,value [\MaxTime][\TimeFlag]

说明：参数含义同 WaitDI。

应用：等待数字输出信号满足相应值，达到通信目的，因为输出信号一般情况下受程序控制，此指令很少使用。

7.4.4　条件逻辑判断指令

条件逻辑判断指令用于对条件进行判断后，执行相应的操作，是 RAPID 中重要的组成部分。

1. **紧凑型条件判断指令 Compact IF**

Compact IF 紧凑型条件判断指令用于当一个条件满足后，就执行一句指令。

格式：IF Condition　…

说明：

Condition：判断条件。

…：待执行的一条指令。

举例：

IF reg1 > 5 GOTO next;　如果 reg1 大于 5，在 next 标签处继续执行程序

IF counter > 10 Set do1; 如果 counter 小于 10，则设置 do1 信号

IF flag1 = TRUE Set do1; 如果 flag1 的状态为 TRUE，则 do1 被置位为 1

2. **IF 条件判断指令**

当满足条件需要执行多条指令时，可使用该指令。

格式：

IF　Condition　THEN　…

{ELSEIF Condition THEN …}

[ELSE …]

ENDIF

说明：

Condition：判断条件。

…：待执行的一条指令。

举例：

IF num1=1 THEN

　　flag:=TRUE;

ELSEIF num1=2 THEN

　　flag1:=FALSE;

ELSE

　　Set do1;

ENDIF

　　如果 num1 为 1，则 flag1 会赋值为 TRUE；如果 num1 为 2，则 flag1 会赋值为 FALSE。

除了以上两种条件外，则执行 do1 置位为 1。

↘**注意：**

条件判定的条件数量可以根据实际情况增加与减少。

3. **FOR 重复执行判断指令**

FOR 重复执行判断指令用于一个或多个指令需要重复执行次数的情况。

格式：

FOR Loop_counter FROM Start_value TO End_value [STEP Step_value] DO

　　⋮

ENDFOR

说明：

Loop_counter：包含当前循环计数器数值的数据名称。自动声明该数据。如果循环计数器名称与实际范围中存在的任意数据相同，则将现有数据隐藏在 FOR 循环中，且在任何情况下均不受影响。

Start_value：循环计数器的期望起始值（通常为整数值）。

End_value：循环计数器的期望结束值（通常为整数值）。

Step_value：循环计数器在各循环的增量（或减量）值（通常为整数值）。如果未指定该值，则自动将步进值设置为；如果起始值大于结束值，则设置为 –1）。

举例：

```
FOR i FROM 1 TO 10 DO
    Routine1;
ENDFOR
```

例行程序 Routine1，重复执行 10 次。

4. WHILE 条件判断指令

WHILE 条件判断指令用于在给定条件满足的情况下，一直重复执行对应的指令。

格式：

```
WHILE Condition DO
    ⋮
ENDWHILE
```

说明：

Condition：条件表达式，若该条件表达式为 TRUE，则执行 WHILE 块中的指令。

举例：

```
WHILE num1>num2 DO
    num1:=num1–1;
ENDWHILE
```

当 num1>num2 的条件满足的情况下，就一直执行 num1:=num1-1 的操作。

提示：只要给定条件表达式评估为 TRUE，当重复一些指令时，使用 WHILE。如果可确定重复的数量，则可以使用 FOR 指令。

7.4.5　其他常用指令

1. 调用无返回值程序 ProcCall

通过 ProcCall 指令将程序指针移至对应的例行程序并开始执行，执行完例行程序程序指针返回调用位置，执行后续指令。

格式：Procedure {Argument}

说明：

Procedure：待调用无返回值程序的名称。

{Argument}：待调用无返回值程序参数。

举例：

errormessage;

```
Set do1;
  ⋮
PROC errormessage()
    TPWrite "ERROR";
ENDPROC
```

调用 errormessage 无返回值程序。当该无返回值程序就绪时，程序执行返回过程调用后的指令 Set do1。

2. 返回 RETURN

返回例行程序指令，当此指令被执行时，则马上结束本例行程序的执行，返回程序指针到调用此例行程序的位置，如图 7-33 所示。

```
PROC Routine1()
    MoveL p10, v1000, fine, tool1\WObj:=wobj1;
    Routine2;
    Set do1;
ENDPROC
PROC Routine2()
  IF di1 = 1 THEN
     RETURN;
  ELSE
     Stop;
  ENDIF
ENDPROC
```

图　7-33

当 di1=1 时，执行 RETURN 指令，程序指针返回调用 Routine2 的位置并继续向下执行 Set do1 这个指令。

3. 读取工业机器人当前位置功能函数 CRobT( )

格式：CRobT ([\TaskRef]|[\TaskName] [\Tool] [\Wobj])

说明：

[\TaskRef]：指定任务 ID，taskid 型数据。

[\TaskName]：指定程序任务名称，string 型数据。

如果未指定自变量 \TaskRef 或 \TaskName，则使用当前任务。

[\Tool]：指定工具，如果省略该参数，则使用当前的有效工具，tooldata 型数据。

[\Wobj]：指定工件，如果省略该参数，则使用当前的有效工件，wobjdata 型数据。

举例：

VAR robtarget P10;

P10 ：= CRobT（\Tool：= tool1\WObj：= wobj0）;

读取当前工业机器人 TCP 位置数据，指定工具数据为 tool1，工件坐标数据为 wobj0（若不指定，则默认工具数据为 tool0，默认工件坐标系数据为 wobj0），之后将读取的目标点数据赋值给 P10。

4. 位置偏移函数 Offs( )

Offs() 用于基于目标点在 X、Y、Z 方向的偏移。

格式：Offs (Point,XOffset,YOffset,ZOffset)

说明：

Point：待偏移的位置数据，robtarget 型数据。

XOffset：工件坐标系中 X 方向的偏移，单位 mm，num 型数据。

YOffset：工件坐标系中 Y 方向的偏移，单位 mm，num 型数据。

ZOffset：工件坐标系中 Z 方向的偏移，单位 mm，num 型数据。

举例：

MoveL Offs(p2, 0, 0, 10), v1000, z50, tool1; 将机械臂移动至距位置 p2（沿 Z 方向）10 mm 的一个点

p1 := Offs (p1, 5, 10, 15); 机械臂位置 p1 沿 X 方向移动 5mm，沿 Y 方向移动 10mm，且沿 Z 方向移动 15mm

7.4.6　中断程序

在工业机器人工作过程中，常会有一些紧急情况需要处理，这时要求工业机器人中断当前的执行，程序指针 PP 马上跳转到专门的程序中对紧急的情况进行相应的处理，处理结束后程序指针 PP 返回原来被中断的地方，继续往下执行程序。这种专门用来处理紧急情况的专门程序，称作中断程序（TRAP）。中断程序经常会用于出错处理、外部信号的响应这种实时响应要求高的场合。

中断程序中常用以下几种指令：IDelete、CONNECT、ISignalDI。

1. 取消中断 IDelete

IDelete 用于取消（删除）中断预定。

格式：IDelete Interrupt

说明：

Interrupt：中断识别号，数据类型为 intnum。

举例：

IDelete intno1; 取消当前中断符 intno1 的连接，预防误触发

2. 关联中断 CONNECT

CONNECT 用于发现中断识别号，并将其与软中断程序相连。通过下达中断事件指令并规定其识别号，确定中断。因此，当出现该事件时，自动执行软中断程序。

格式：CONNECT Interrupt WITH Trap routine

说明：

Interrupt：中断识别号，数据类型为 intnum。

Trap routine：软中断程序的名称。

举例：

CONNECT intno1 WITH Trap1; 将中断符 intno1 与中断程序 Trap1 连接

3. 数字输入信号中断 ISignalDI

ISignalDI 用于下达和启用数字信号、输入信号的中断指令。

格式：ISignalDI [\Single] | [\SingleSafe] Signal TriggValue Interrupt

说明：

[\Single]：确定中断是否仅出现一次或者循环出现。如果参数 Single 得以设置，则中断最多出现一次。如果省略 Single 和 SingleSafc 参数，则每当满足条件时便会出现中断。

[\SingleSafe]：确定中断单一且安全。

Signal：将产生中断的信号的名称，数据类型为 signaldi。

TriggValue：信号因出现中断而必须改变的值，数据类型为 dionum。若将该值指定为 0 或 1 或符号值（例如 high/low），在转变为 0 或 1 后，边缘触发信号。

Interrupt：中断识别号，数据类型为 intnum。

举例：

ISignalDI di1,1,intno1；当输入信号 di1 为 1 时，触发该中断程序

习　题

1．高效编写一个码垛程序，会用到哪些运动指令。

2．如何从主程序中快速调用子程序？

第**8**章

在 线 操 作

本章任务

1．掌握 PC 与工业机器人的连接方法
2．掌握获取 RobotStuido 的在线控制权限
3．上机实践操作

8.1 PC 连接控制器

8.1.1 连接端口

通过 Robotstudio 与工业机器人连接，可利用 Robotstudio 的在线功能对机器人进行监控、设置、编程与管理。将 PC 以物理方式连接到控制器有两种方法：连接到服务端口或连接到工厂的网络端口。服务端口旨在供维修工程师以及程序员直接使用 PC 连接到控制器。服务端口配置了一个固定 IP 地址，该地址在所有的控制器上都是相同的，且不可修改，另外还有一个 DHCP 服务器自动分配 IP 地址给连接的 PC。工厂的网络端口用于将控制器连接到网络。网络设置可以使用任何 IP 地址配置，通常是由网络管理员提供的。

使用机器人通信运行时，连接的网络客户端的最大数目为：

1）LAN 端口：3。

2）Service 端口：1。

3）FlexPendant：1。

使用工业机器人通信运行时，在连接到一个控制器的同一 PC 上运行的应用程序，其最大数目无内在限制，但 UAS 会将登录用户数限制在 50，并行连接的 FTP 客户端最大数目为 4。

图 8-1 中显示了计算机 DSQC 639 的两个主要端口：服务端口和 LAN 端口。其中，A 为计算机上的服务端口（通过一根线缆从前面连接到控制器的服务端口），B 为计算机上的 LAN 端口（连接到工厂网络）。LAN 端口是唯一连接到控制器的公共网络接口，通常使用网络管理员提供的公用 IP 地址连接到工厂网络。

图 8-2 中显示了计算机 DSQC1000 的两个主要端口：服务端口和 WAN 端口。其中，A 为计算机上的服务端口（通过一根线缆从前面连接到控制器的服务端口），B 为计算机上的 WAN 端口（连接到工厂网络）。WAN 端口是唯一连接到控制器的公共网络接口，通常使用网络管理员提供的公用 IP 地址连接到工厂网络。LAN1、LAN2 和 LAN3 只能配置为 IRC5 控制器的专属网络。

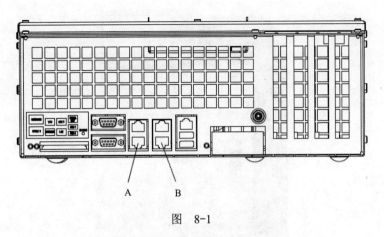

图 8-1

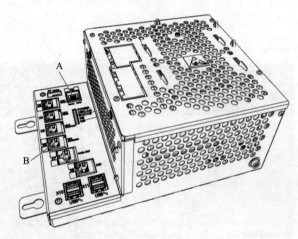

图 8-2

8.1.2 PC 与控制器的连接

PC 与控制器的连接一般是将网线一端连接到 PC 的网线端口，另一端与工业机器人的专用网线端口连接。

有两种方式可以与工业机器人控制器进行连接。

1）一键连接：计算机 IP 设置为动态获取。网线一端连接计算机的网络端口，另一端连接控制器 SERVICE 网络端口。

2）用户自定义 IP 进行连接：网线一端连接计算机的网络端口，另一端连接控制器的网络端口。注：需要将工业机器人 IP 和计算机 IP 设置在同一网段内，并且工业机器人控制器要求具备 PC Interface 功能选项。

具体连接步骤如下：

1）网线的一端连接到计算机的网线端口，并设置成自动获取 IP；网线的另一端连接到控制器面板的网线端口，如图 8-3 所示。最新版本控制器内部网线接口如图 8-4 所示。老版本控制器内部网线接口如图 8-5 所示。

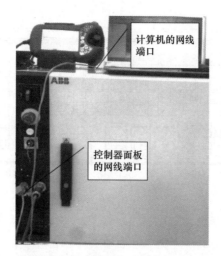

图　8-3

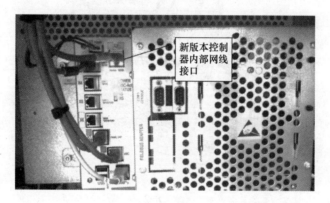

图　8-4

图　8-5

2）在"控制器"选项卡下单击"添加控制器"，选择"一键连接…"，如图 8-6 所示。

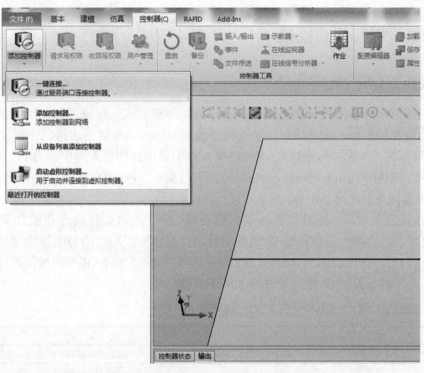

图　8-6

3）单击"控制器"界面中的项目，查看所需要的资料，单击"控制器状态"选项卡，可查看到当前连接的控制器的情况，如图 8-7 所示。

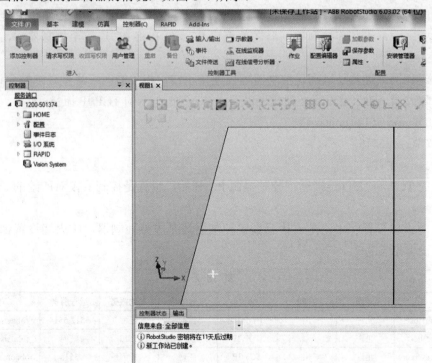

图　8-7

8.2 网络设置与用户授权

8.2.1 网络设置

连接控制器的 PC 网络设置必须在开始在线工作前完成。可以通过如下方式使用以太网将 PC 连接至控制器：①局域网；②连接服务端口；③远程网络连接。

（1）局域网（本地网络连接） 将 PC 接入控制器所在的以太网中，当 PC 和控制器正确连接至同一子网中，RobotStudio 会自动检测到控制器。PC 的网络设置取决于所连接网络的结构，需要网络管理员创建 PC 网络连接。

（2）连接服务端口 当连接到控制器服务端口时，可以选择自动获取 IP 地址或指定固定 IP 地址。当选择"自动获取 IP 地址"时，控制器服务端口的 DHCP 服务器会自动分配 IP 地址给 PC，详情参阅 Windows 帮助文档中关于配置 TCP/IP 的描述；当选择"指定固定 IP 地址"时，固定 IP 使用见表 8-1 所示设置。

表 8-1

属　　性	值
IP 地址	192.168.125.2
子网掩码	255.255.255.0

↘注意：

如果 PC 上的 IP 是由之前连接的其他控制器或以太网设备获取到的，自动获取 IP 地址可能失败。如果 PC 之前曾连接到其他以太网设备上，为保证获取正确的 IP 地址，可执行下列步骤之一：①在连接到控制器之前重启 PC；②在将 PC 连接至控制器后，运行命令 ipconfig/renew。

（3）远程网络连接 以确保控制器远程连接正常，相关的网络流量必须被允许通过 PC 和控制器防火墙。防火墙设置必须允许以下由 PC 到控制器的 TCP/IP 流量：

1）UDP port 5514 (unicast)。

2）TCP port 5515。

3）Passive FTP。

所有的 TCP 和 UPD 连接远程控制器由 PC 开始，也就是控制器仅对所给的源端口和地址做出反应。

（4）防火墙设置 不论是连接至真实控制器还是虚拟控制器，防火墙设置都将适用。防火墙的设置见表 8-2。

表 8-2

名称	操作	方向	协议	远程地址	本地服务	远程服务	应用
RobNetscanHost	允许	出	UDP/IP	任何	任何	5512,5514	robnetscanhost.exe
IRS5Controller	允许	入	UDP/IP	任何	5513	任何	robnetscanhost.exe
RobComCtrlServer	允许	出	TCP/IP	任何	任何	5515	robcomctrlserver.exe
RobotFTP	允许	出	TCP/IP	任何	任何	FTP（21）	任何

表 8-3 为 RobotWare 集成图像选项的必要防火墙配置。

表   8-3

名　称	操　作	方　向	协　议	远程地址	本地服务	远程服务	应　用
Telnet	允许	出	TCP/IP	任何	任何	23	RobotStudio.exe
可见协议	允许	出	TCP/IP	任何	任何	1069	RobotStudio.exe
可见搜索	允许	输入 / 输出	UDP/IP	任何	1069	1069	RobotStudio.exe
升级端口（仅 PC）	允许	出	TCP/IP	任何	任何	1212	RobotStudio.exe
数据信道	允许	出	TCP/IP	任何	任何	50000	RobotStudio.exe

↘注意：

RobotStudio 使用当前的互联网选项设置、HTTP 设置和代理设置来获取最新的 RobotStudio 新闻。要查看最近的 RobotStudio 新闻，单击"文件"选项卡，然后单击"帮助"。

（5）连接到控制器　首先确保 PC 正确连接到控制器的服务端口，且控制器正在运行。在"File"（文件）选项卡中，单击"Online"（在线），然后选择"One Click Connect"（单击连接）。之后单击"控制器"选项卡，单击"添加控制器"，单击"请求写权限"。控制器的模式见表 8-4。

表   8-4

控制器模式	说　明
自动	若当前可用，即可得到写权限
手动	通过 FlexPendant 上的一个消息框，可以授予 RobotStudio 以远程写访问权限

8.2.2　用户授权

控制器用户授权系统（UAS）规定了不同用户对工业机器人的操作权限。该系统能避免控制器功能和数据的未授权使用。用户授权由控制器管理，这意味着无论运行哪个系统，控制器都可保留 UAS 设置。这也意味着 UAS 设置可应用于所有与控制器通信的工具，如 RobotStudio 或 FlexPendant。UAS 设置可定义访问控制器的用户和组，以及它们授予访问的动作。

UAS 用户是人员登录控制器所使用的账号。此外，可将这些用户添加到授权他们访问的组中。每个用户都有用户名和密码。要登录控制器，每个用户需要输入已定义的用户名和正确的密码。在用户授权系统中，用户可以是激活或锁定状态。若用户账号被锁定，则用户不能使用该账号登录控制器。UAS 管理员可以设置用户状态为激活或锁定。所有控制器都有一个默认的用户名 Default User 和一个公开的密码 robotics。Default User 无法删除，且该密码无法更改。但拥有管理 UAS 设置权限的用户可修改控制器授权和 Default User 的应用程序授权。

在用户授权系统中，根据不同的用户权限可以定义一系列登录控制器用户组。可以根据用户组的权限定义，向用户组中添加新的用户。比较好的做法是根据不同工作人员对工业机器人的不同操作情况进行分组。例如，可以创建管理员用户组、程序员用户组和操作员用户组。所有的控制器都会定义默认用户组，该组用户拥有所有的权限。该用户组不可以被移除，但拥有管理用户授权系统的用户可以对默认用户组进行修改。

修改默认的用户组人员会带来风险。如果错误地清空了默认用户复选框或任何默认组权限，系统将会显示提示警告信息。应确保至少一位用户被定义为拥有管理用户授权系统设置权限。如果默认用户组或其他任何用户组都没有该权限，将不能管理和控制用户和用户组。

权限是对用户可执行的操作和可获得数据的许可。可以定义拥有不同权限的用户组，然后向相应的用户组内添加用户账号。权限可以是控制器权限或应用程序权限。根据要执行的操作，可能需要多个权限。控制器权限对工业机器人控制器有效，并适用于所有访问控制器的工具和设备。针对某个特殊应用程序（例如 FlexPendant）可以定义应用程序权限，仅在使用该应用程序时有效。应用程序权限可以使用插件添加，也可以针对用户定义的应用程序进行定义。

RobotStudio 通常用作控制器的远程客户端，连接到控制器上的 FlexPendant 连接器的设备用作本地客户端。与本地客户端相比，当控制器处于手动模式时，远程客户端的权限受限。例如，远程客户端不能启动程序执行或设置程序指针。

RobotStudio 可以用作本地客户端，从而在手动模式中可以完全访问控制器功能而没有限制。当在"Add controller"（添加控制器）对话框中或在"Login"（登录）对话框中选择"local client"（本地客户端）复选框时，可以通过按安全设备（例如 FlexPendant、JSHD4 或 T10）上的使动开关获得本地客户端权限。

误操作可能引起机器人系统的错乱，从而影响工业机器人的正常运行。因此有必要为不同用户设定操作权限。为一台新的工业机器人设定用户操作权限，一般的操作步骤如下：

1）添加一个管理员操作权限。

2）设定所需要的用户操作权限。

3）更改 Default User 的用户组。

下面为不同权限设定的具体操作步骤：

1. 管理员操作权限设定

为示教器添加一个管理员操作权限的目的是为系统多创建一个具有所有权限的用户，为意外权限丢失时多一层保障。

1）获取工业机器人的写操作权限，在"控制器"选项卡下单击"请求写权限"，如图 8-8 所示。

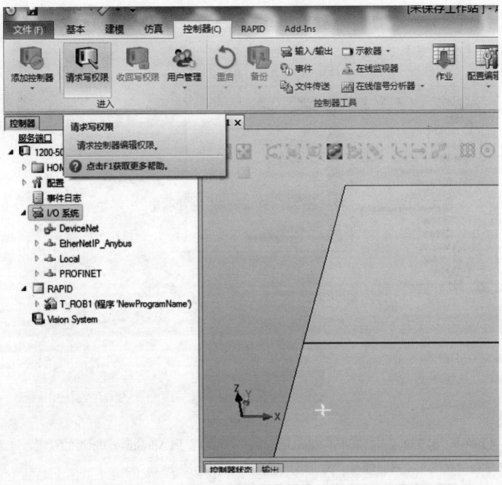

图 8-8

2) 在示教器上选择"同意"后单击"撤回",收回其权限,如图 8-9 所示。

图 8-9

3）在"控制器"选项卡下单击"用户管理"，选择"编辑用户账户"，如图 8-10 所示。

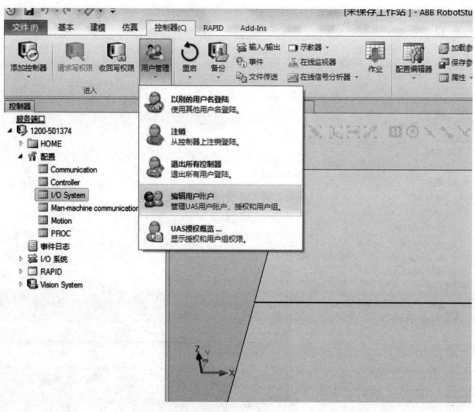

图　8-10

4）单击"组"选项卡，单击"Administrator"，可以看到 Administrator 组的权限，勾选了"完全访问权限"，说明拥有了全部的权限，如图 8-11 所示。

图　8-11

5）单击"用户"选项卡，单击"添加 …"，如图 8-12 所示。

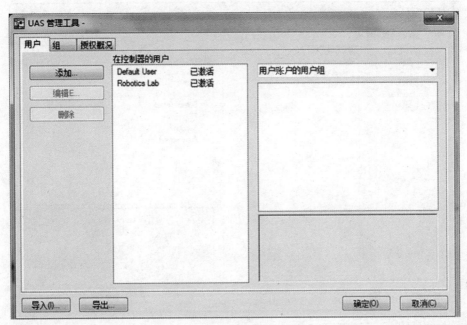

图 8-12

6）添加一个用户。"用户名"为"abbadmin"，"密码"为 123456，设定完成后，单击"确定"，如图 8-13 所示。

图 8-13

7）单击"abbadmin"，勾选所有的用户组，将 abbadmin 授予所有用户组权限，单击"确定"，如图 8-14 所示。

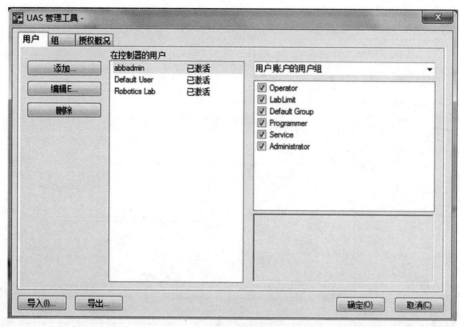

图　8-14

8）在"控制器"选项卡下单击"重启"，选择"重启动（热启动）"，如图 8-15 所示。

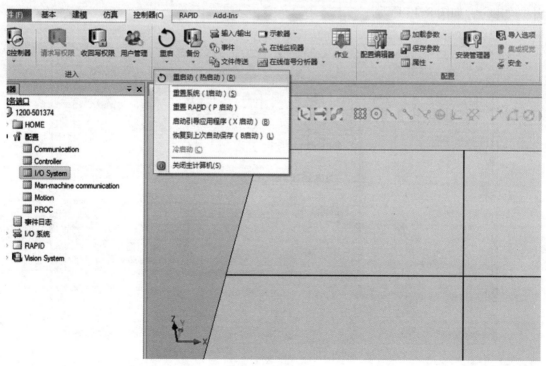

图　8-15

9）打开 ABB 菜单，单击"注销 Default User"，如图 8-16 所示。

图 8-16

10）单击"是"，如图 8-17 所示。

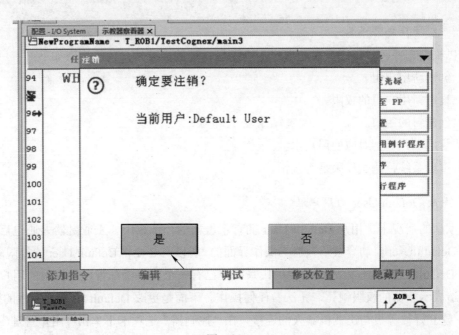

图 8-17

11）将"用户"选为"abbadmin"，"密码"为 123456，然后单击"登录"，如图 8-18 所示。

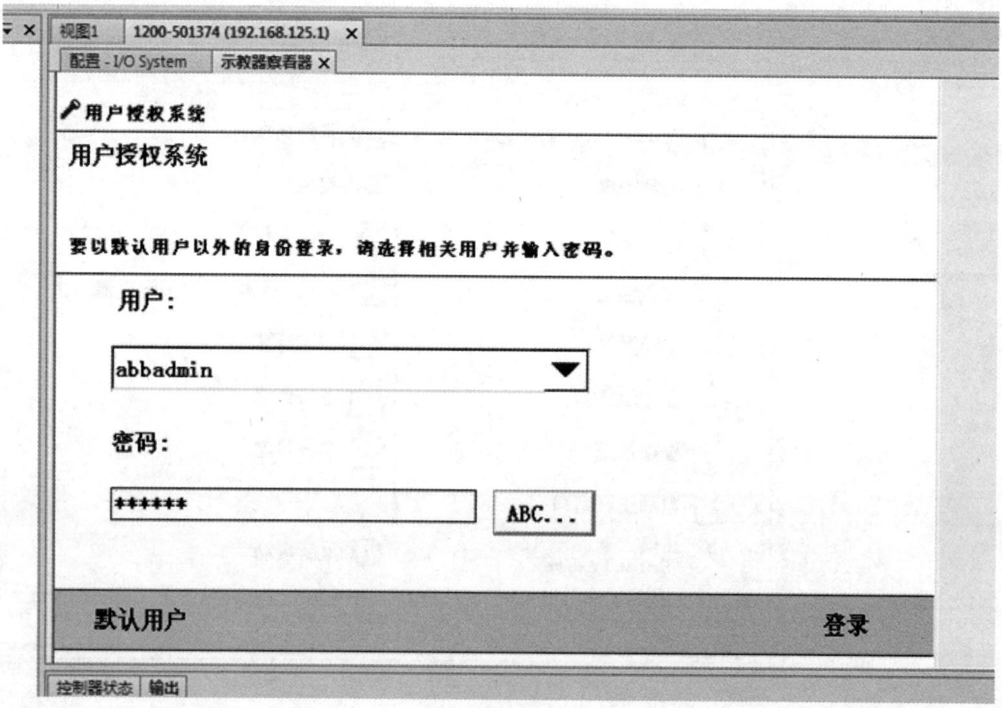

图　8-18

2. 用户操作权限设定

可以根据需要，设定用户组和用户，以满足管理的需要。具体的步骤如下：

1）创建新用户组。

2）设定新用户组的权限。

3）创建新的用户。

4）将用户归类到对应的用户组。

5）重启系统，测试权限是否正常。

3. 更改 Default User 的用户组

在默认的情况下，用户 Default User 拥有示教器的全部权限。工业机器人通电后，都是以用户 Default User 自动登录示教器的操作界面的。所以有必要将 Default User 的权限取消掉。在取消 Default User 的权限之前，要确认系统中已有一个具有全部管理员权限的用户，否则有可能造成示教器的权限锁死，无法做任何操作。下面是更改 Default User 用户组的操作：

1）建立好计算机与工业机器人的连接，在"控制器"选项卡下单击"用户管理"，选择"编辑用户账户"，如图 8-19 所示。

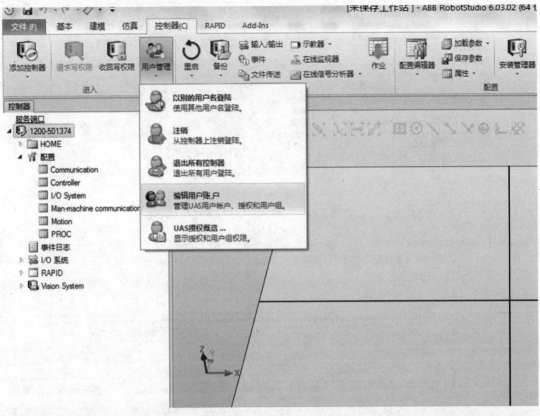

图　8-19

2）在"用户"选项卡下选择"Default User"，只选择"user"用户组，如图 8-20 所示。

图　8-20

3）再次确认"abbadmin"已勾选"Administrator"，单击"确定"，如图 8-21 所示。

图 8-21

4）在"控制器"选项卡下单击"重启"，选择"重启动（热启动）"，如图 8-22 所示。

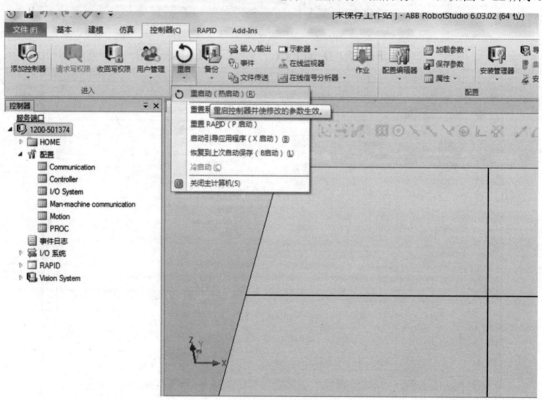

图 8-22

完成热启动后，在示教器上进行用户的登录测试，如果一切正常，就完成设定了。用户权限的说明如下（以 Robotstudio6.05 为例，不同版本可能会有所不同）：

完全访问权限：该权限包含了所有控制器权限，也包含将来 RobotWare 版本添加的权限。不包含应用程序权限和安全配置权限。

管理 UAS 设置：该权限可以读写用户授权系统的配置文件，即可以读取、添加、删除和修改用户授权系统中定义的用户和用户组。

执行程序：拥有执行以下操作的权限：①开始 / 停止程序（拥有停止程序的权限）；②将程序指针指向主程序；③执行服务程序。

执行 ModPos 和 HotEdit：拥有执行以下的权限：①修改和示教 RAPID 代码中的位置信息（ModPos）；②在执行的过程中修改 RAPID 代码中的单个点或路径中的位置信息；③将 ModPos/HotEdit 位置值复位为原始值；④修改 RAPID 变量的值。

修改当前值：拥有修改 RAPID 变量的当前值。该权限是 PerformModPos and HotEdit 权限的子集。

I/O 写权限：拥有执行以下操作的权限：①设置 I/O 信号值；②设置信号仿真或不允许信号仿真；③将 I/O 总线和单元设置为启用或停用。

备份和保存：拥有执行备份及保存模块、程序和配置文件的权限。此权限允许对当前系统的 BACKUP 和 TEMP 目录进行全权限访问。

恢复备份：拥有恢复备份并执行"恢复到上次自动保存状态"。

修改配置：拥有修改配置数据库，即加载配置文件、更改系统参数值和添加删除实例的权限。

加载程序：有权加载 / 删除模块和程序。

远程重启：拥有远程关机和热启动的权限。使用本地设备进行热启动不需任何权限，例如使用示教器。

编辑 RAPID 代码：有权执行以下操作：修改已有的 RAPID 代码、框架校准（工具坐标和工件坐标）、确认 ModPos/HotEdit 值为当前值、重命名程序。

程序调试：有权执行以下操作：将 PP 移动到例行程序、将 PP 移动到光标位置、按住运行、启用 / 停用 RAPID 任务、向示教器请求写权限、启用 / 禁用非动作执行操作。

降低生产速度：在自动模式下，将速度从 100% 开始降低的权限。

安全控制器配置：拥有执行控制器安全模式配置的权限。仅对 PSC 选项有效，且该权限不包括在 Full access 权限中。

锁定安全控制器配置：锁定 / 解锁安全配置。锁定 / 解锁无钥匙模式开关。此权限不包含在"完全访问"权限内。

安全服务：加载和验证安全配置。在服务、调试与激活模式之间变换。

软件同步：激活安全控制器的软件同步。

无钥匙模式选择器：解锁无钥匙模式选择器。

Commissioning mode：将安全控制器更改为调试模式。

转数计数器更新：提供执行转数计数器更新的权限。

校准：有权执行以下操作：机械部件精校准、校准基座 / 基本框架、更新 / 清除 SMB 数据。

➥注意：

框架校准（工具坐标、工件坐标）需要有"编辑 RAPID 代码"权限。机械部件校准数据的手动偏移以及从文件加载新校准数据要求"修改配置"权限。

已安装系统的管理：有权执行以下操作：安装新系统、重置 RAPID、重置系统、启动引导应用程序、选择和删除系统、从设备安装系统。此权限提供完全 FTP 访问权限，相当于"控制器磁盘的读取权限"以及"控制器磁盘的写入权限"。

控制器磁盘的读取权限：给予外部读取控制器磁盘的权限。此权限仅对明确的磁盘访问有效，例如使用 FTP 客户端或 RoboStudio Online 的文件系统。没有这个权限也有可能从 SYSTEM_PARTITION 加载程序。

控制器磁盘的写入权限：给予外部写入控制器磁盘的权限。此权限仅对明确的磁盘访问有效，例如使用 FTP 客户端或 RoboStudio Online 的文件系统。没有此权限仍然有可能将程序保存至控制器磁盘或执行备份。

修改控制器属性：拥有设置控制器名称、控制器 ID 和系统时钟的权限。

删除日志：拥有删除事件日志中信息的权限。

使用示教器上面的 ABB 菜单：值为 TRUE 时，表示有权使用示教器上的 ABB 菜单。在用户没有任何授权时，该值的默认值为 FALSE 时，表示控制器在"自动"模式下用户不能访问 ABB 菜单。该权限在手动模式下无效。

切换到自动时注销示教器用户：当由手动模式转到自动模式时，拥有该权限的用户将自动由示教器注销。

8.3 处理 I/O

8.3.1 常用信号类型

工业机器人与外部设备的通信是通过 ABB 标准的 I/O 板或现场总线进行的，其中又以 ABB 标准 I/O 板应用最广泛。I/O 系统处理关于控制器的输入输出信号，I/O 系统界面用来查看和设置之前设置的信号，还可以启用和禁用设备。以下将介绍一些常用信号类型。

I/O 系统：控制器 I/O 系统包括工业网络、设备和 I/O 信号。工业网络是控制器到设备（如 I/O 板）的连接，而设备中包含实际信号的通道。工业网络和设备作为每个控制器的子节点显示在工业机器人监视器中，I/O 信号显示在 I/O 界面中。

I/O 信号：I/O 信号用来进行控制器与外部设备之间的通信，或改变工业机器人系统的变量。

输入信号：使用输入信号可以向控制器通知相关的信息，如当送料传送带摆放好一个工件时会设置一个输入信号。这个输入信号稍后将启动工业机器人程序中的特定部分操作。

输出信号：控制器使用输出信号通知已满足某些特定状态。例如，当工业机器人完成操作，将设置一个输出信号。这个信号稍后会启动送料传送带，更新计数器或触发其他动作。

仿真信号：仿真信号是通过手动给定特定值覆盖实际值的信号。仿真信号在测试工业机器人程序时，不需激活或运行其他相关设备，非常有用。

虚拟信号：虚拟信号不属于任何物理的设备，而是存储在控制器内存中。虚拟信号通常用来设置变量和保存工业机器人系统中的变化。

8.3.2　I/O 信号实例操作

以下是以新建一个 I/O 单元及添加一个 I/O 信号为例子，来学习 RobotStudio 在线编辑 I/O 信号的操作。

1．创建一个 I/O 单元 DSQC651

I/O 单元 DSQC651 参数设定见表 8-5。

表　8-5

名　　称	值
Name（I/O 单元名称）	D651
Type of Unit（I/O 单元类型）	D651
Connected to Bus（I/O 单元所在总线）	DeviceNet
DeviceNet Address（I/O 单元所占用总线地址）	63

6.× 以上版本"使用模板的值"选择"DSQC651 Combi I/O Device"，只更改"Name"和"Address"的值。

1）在"控制器"选项卡中单击"请求写权限"，如图 8-23 所示。

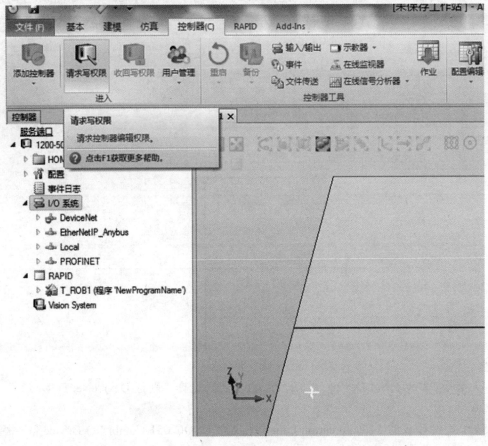

图　8-23

2）在示教器单击"同意"进行确认，如图 8-24 所示。

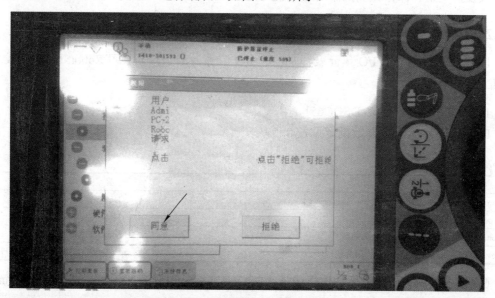

图 8-24

3）在"控制器"选项卡下选择"配置编辑器"中的"I/O System"，如图 8-25 所示。

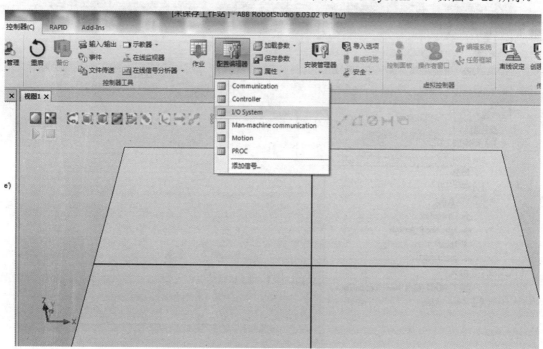

图 8-25

4）选择"DeviceNet Device"，在空白处右击，选择"新建 DeviceNet Device…"，如图 8-26 所示。

5）在对应模板的"Identification Label"中选"DSQC 651 Combi I/O Device"，根据要求设定"Name"和"Address"，如图 8-27 所示。

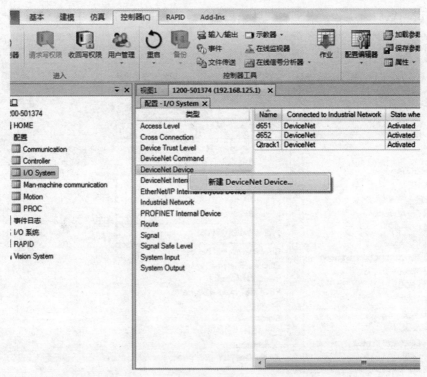

图　8-26

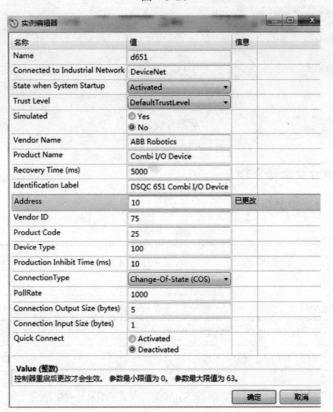

图　8-27

6）单击"重启"，选择"重启动（热启动）"，使刚才的设定生效，如图8-28所示。

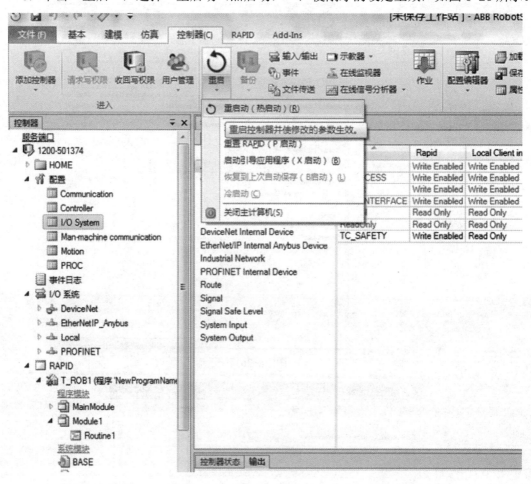

图 8-28

2. 创建一个数字输出信号 DO1

数字输出信号的参数设定见表8-6。

表 8-6

名 称	值
Name（I/O 信号名称）	DO1
Type of Signal（I/O 信号类型）	Digital Output
Assigned to Device（6.× 以下版本为 Unit）（I/O 信号所在 I/O 单元）	D651
Device（6.× 以下版本为 Unit）Mapping（I/O 信号所占用单元地址）	32

1）在"signal"上右击，选择"新建 Signal..."，如图8-29所示。

2）设置好黑线框中的值，单击"确定"，如图8-30所示。

图　8-29

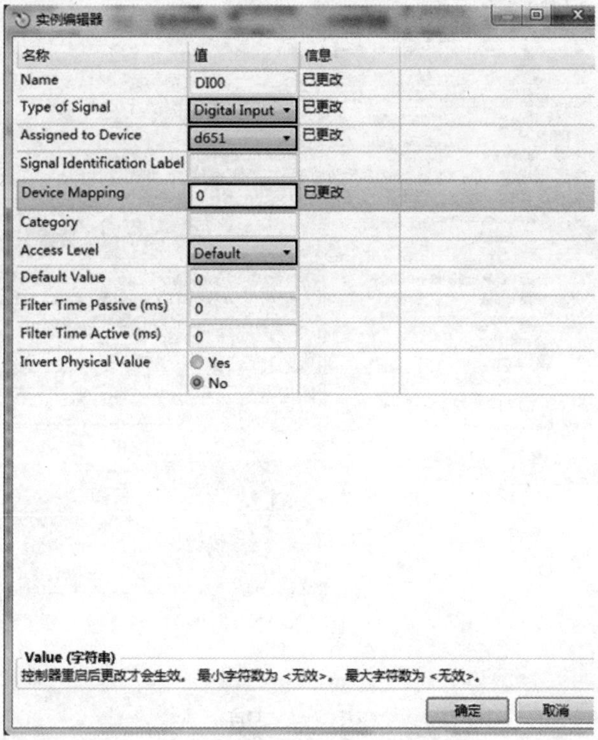

图　8-30

3）单击"重启"，选择"重启动（热启动）"，如图 8-31 所示。

4）单击"收回写权限"，取消 Robotstudio 远程控制，DSQC651 板和数字输出信号 DO1 设置完毕，如图 8-32 所示。

图 8-31

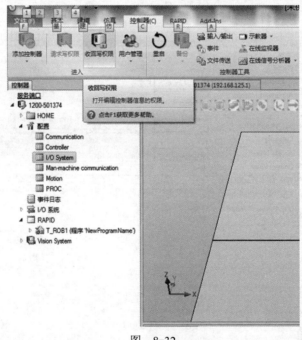

图 8-32

习　题

1. 总结 RobotStudio 在线对工业机器人可以进行哪些操作。
2. 试着用示教器设定用户操作管理权限。
3. 简述在线编辑 I/O 信号的操作步骤。

第 **9** 章

焊接工作站的案例应用

本章任务

1. 了解一种用于旋转类零件焊接的工业机器人焊接工作站
2. 学会用事件管理器创建变位机运动
3. 熟悉工业机器人焊接工作站的布局和离线仿真

当使用 RobotStudio 进行机器人仿真验证时，如验证节拍、到达能力等，如果对周围的模型不需要特别精细的表述，就可以用简单的等同实际的基本模型替代，从而节省仿真时间。

在焊接工作站中，为了更快更好地展示变位机的转动效果，且尽量减少焊接过程中任务信号的设置，选用事件管理器作为仿真工具。

9.1 焊接工作站简介

焊接工作站的基本组成包含工业机器人、变位机、工件、防护装置，如图 9-1 所示。

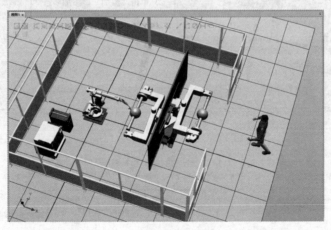

图　9-1

9.2 创建焊接工作站

创建焊接工作站的步骤如下：

1）新建工作站，依次导入工业机器人、焊枪、变位机、控制柜、操作员模型、工件模型，并将焊枪拖拽至工业机器人本体上，调整各工件的坐标位置，形成焊接工作站的基本平面布局，如图 9-1 所示。

2）创建机械装置步骤和姿态，如图 9-2 ～图 9-7 所示。

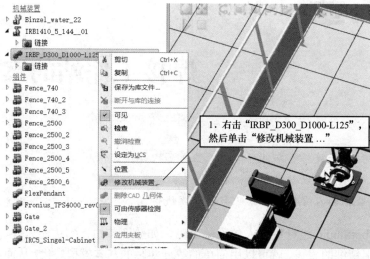

图　9-2

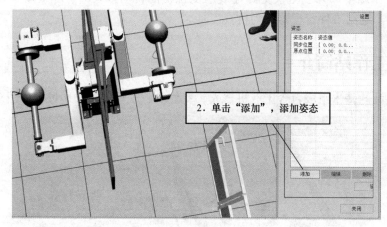

图　9-3

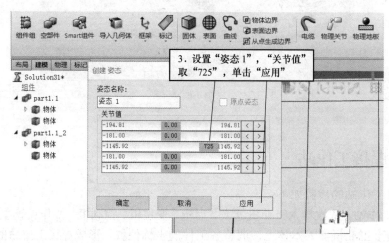

图　9-4

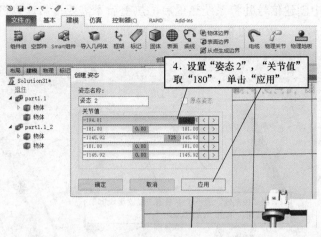

图 9-5

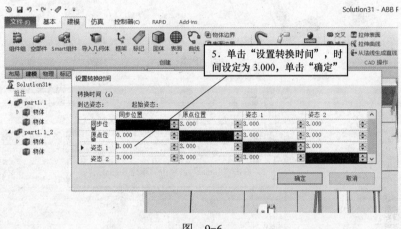

图 9-6

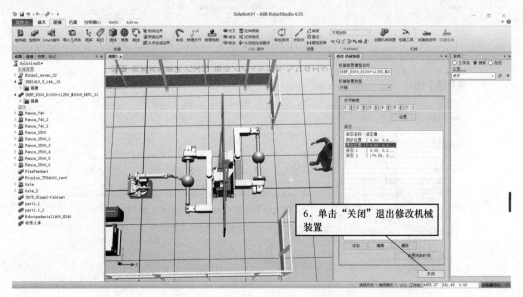

图 9-7

在编译配置器中创建信号并将系统热重启，热重启不需要重启计算机。

3）设置 I/O 信号，步骤如图 9-8 ～图 9-12 所示。

图 9-8

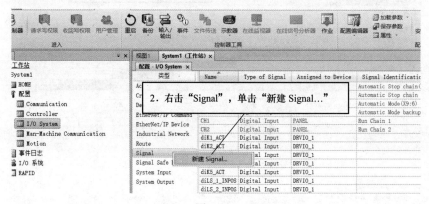

图 9-9

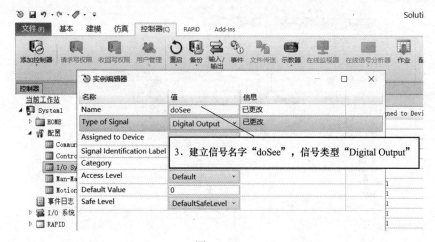

图 9-10

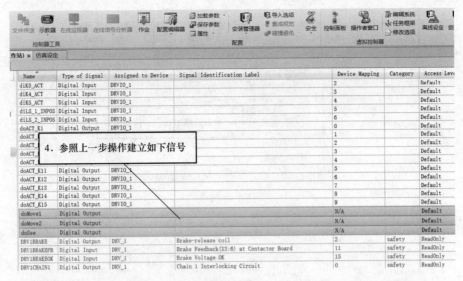

图　9-11

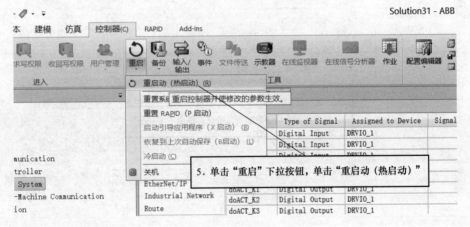

图　9-12

4）根据上述所创建的信号在事件管理器中设置逻辑指令，如图 9-13 ～图 9-25 所示。

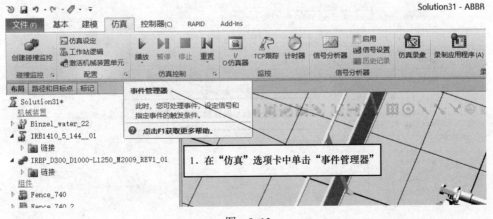

图　9-13

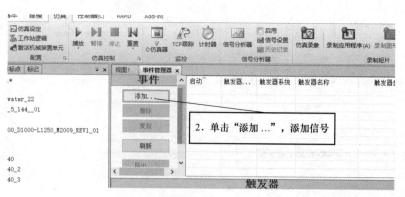

图 9-14

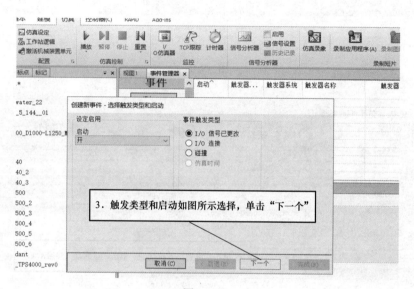

图 9-15

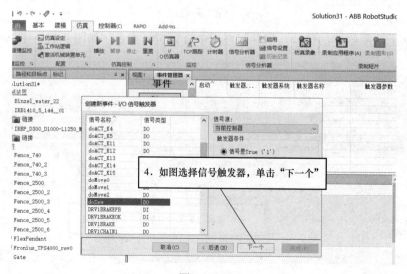

图 9-16

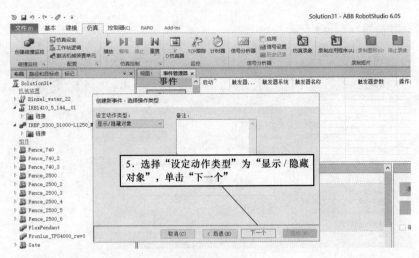

图 9-17

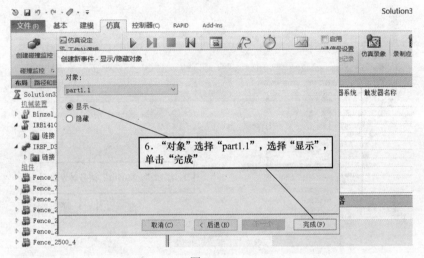

图 9-18

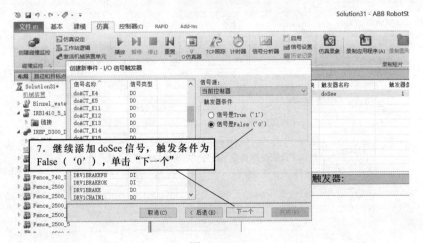

图 9-19

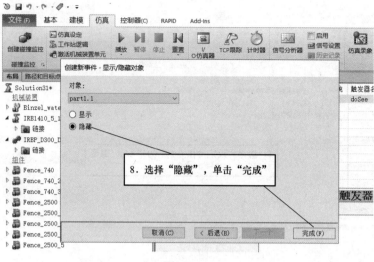

图　9-20

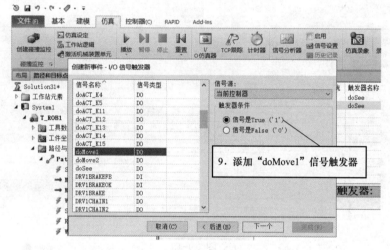

图　9-21

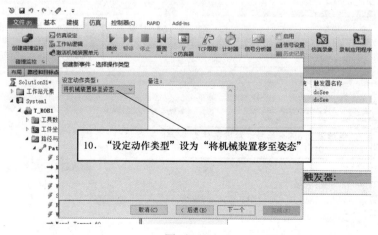

图　9-22

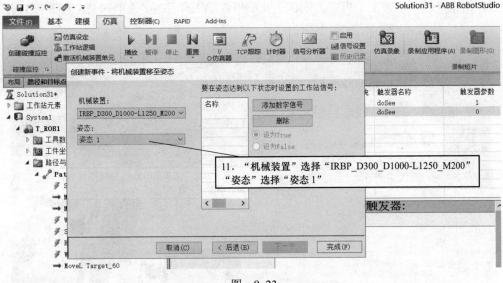

图 9-23

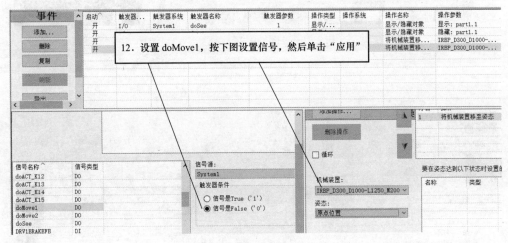

图 9-24

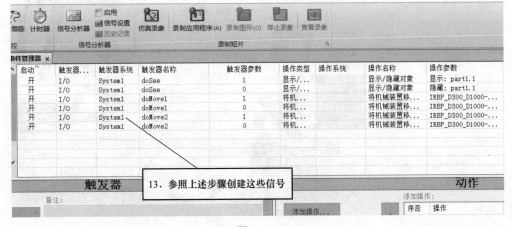

图 9-25

5）创建路径。示教工业机器人创建工业机器人的工作路径，如图 9-26 ～图 9-31 所示。

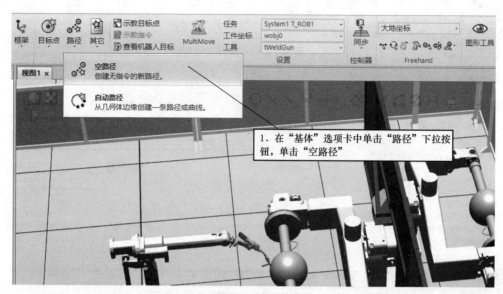

图　9-26

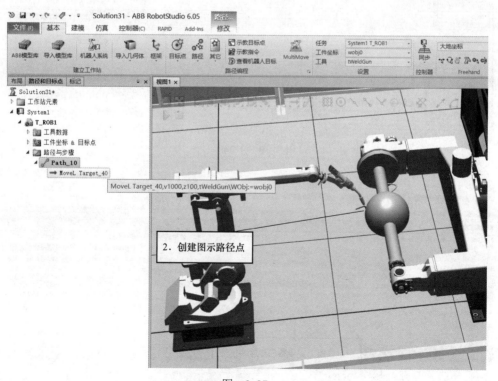

图　9-27

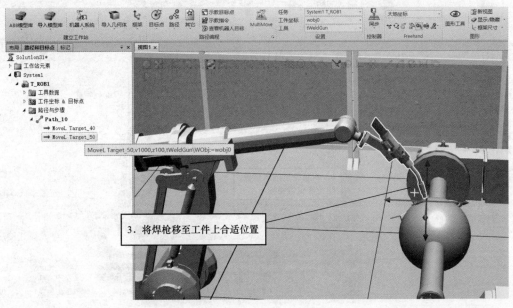

图　9-28

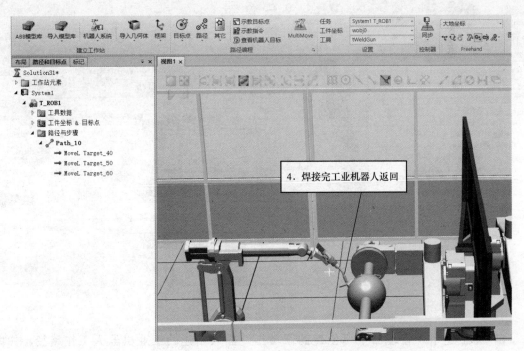

图　9-29

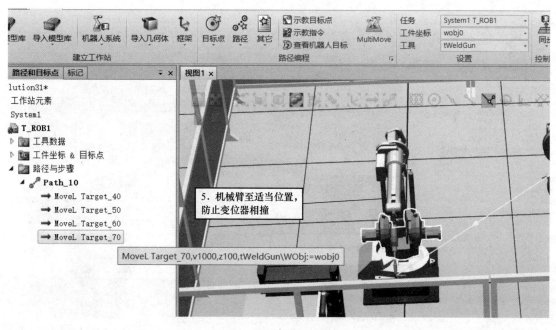

图 9-30

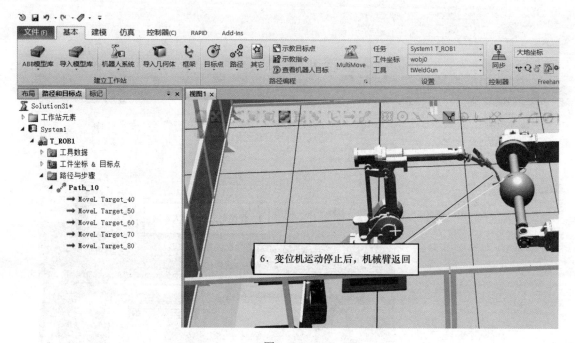

图 9-31

6）将上述事件管理器中所创建的逻辑指令插入创建的工业机器人工作路径，如图9-32～图9-38所示。

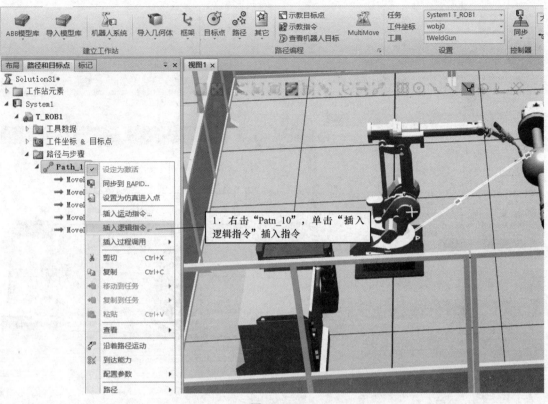

图　9-32

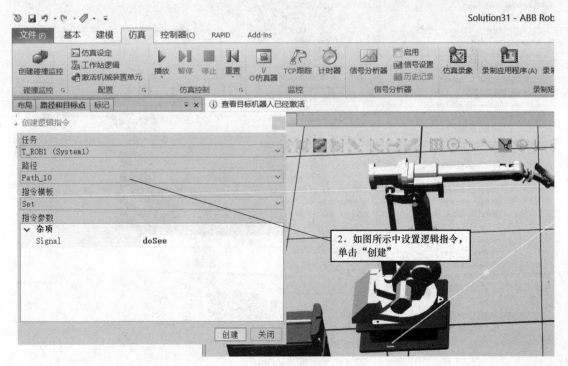

图　9-33

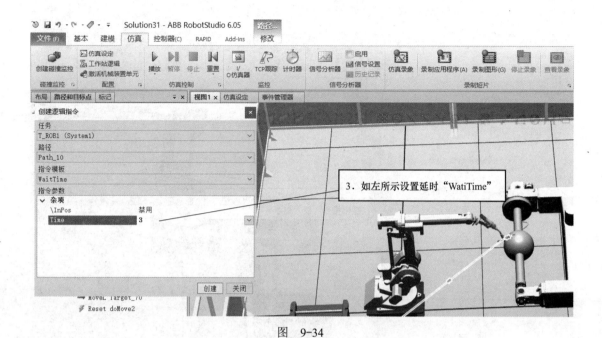

图 9-34

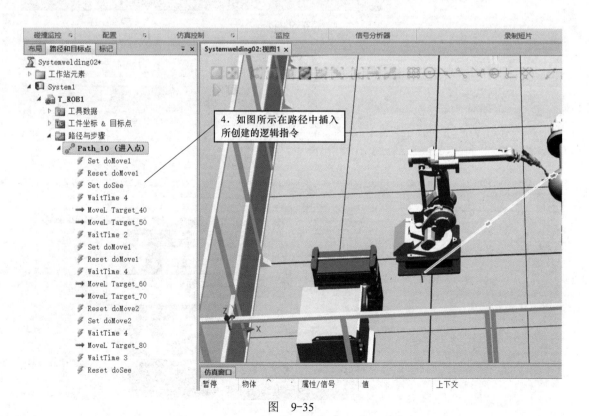

图 9-35

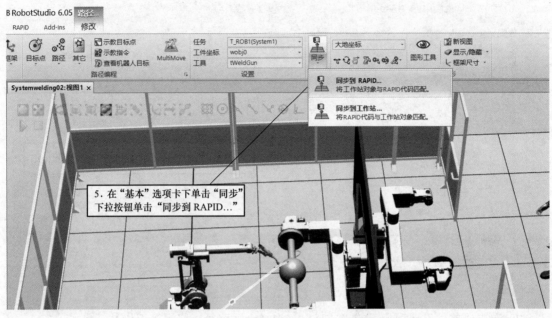

图　9-36

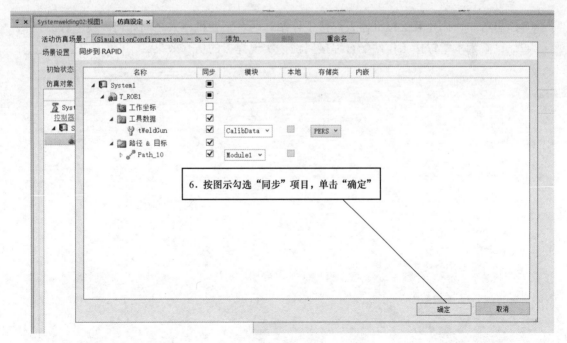

图　9-37

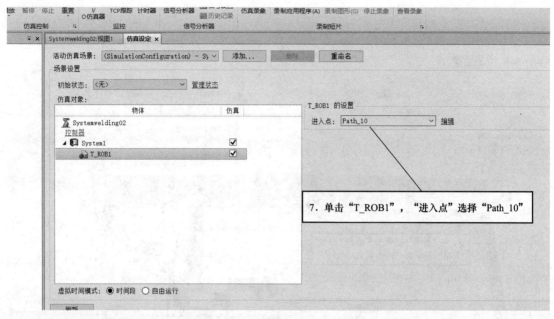

图 9-38

7）单击"文件"选项卡下的"共享"，选择合适路径，将焊接工作站打包。

习　题

1. 思考如何创建双工位机器人焊接工作站，两台工业机器人之间如何离线编程。
2. 试着为本章焊接工作站配置焊接属性，实现焊接的仿真效果。

第 10 章

码垛工作站的案例应用

本章任务

1. 认识事件管理器
2. 学会制作码垛仿真动画

本章以事件管理器的方法来创建一个机器人码垛工作站

10.1 工作任务

构建一个机器人码垛工作站。

10.2 操作步骤

创建机器人码垛工作站具体步骤如下：

1）创建一个输送链模型，使滑块在输送链上运动，机器人输出三个信号，每个信号对应一个位置。这里以视觉差异来创建机械装置的一个能够滑行的滑台为例开展这项任务。

当滑块滑至工业机器人这端时，工业机器人过来抓取滑块，然后放到指定位置，工业机器人回到等待点。具体步骤如图 10-1 ～图 10-12 所示。

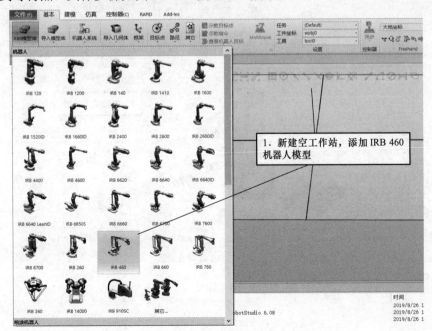

图 10-1

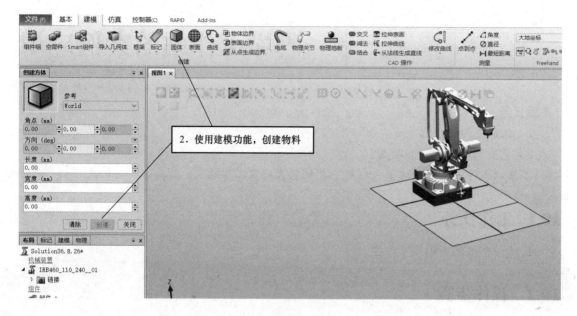

图　10-2

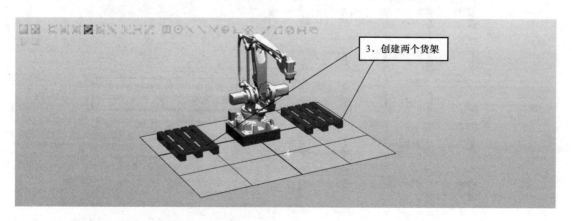

图　10-3

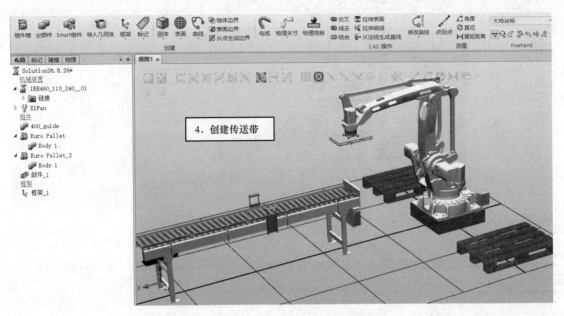

图　10-4

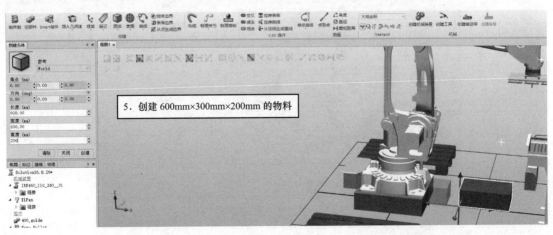

图　10-5

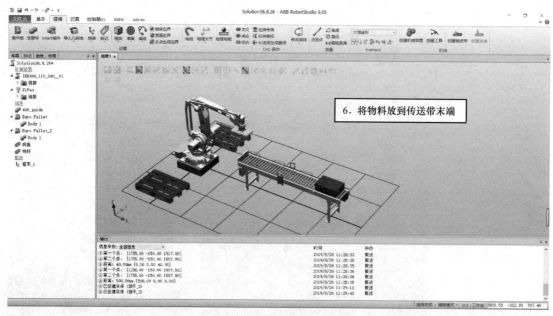

图 10-6

在传送带顶部放一块物料，方便后面取点和工业机器人路径示教。

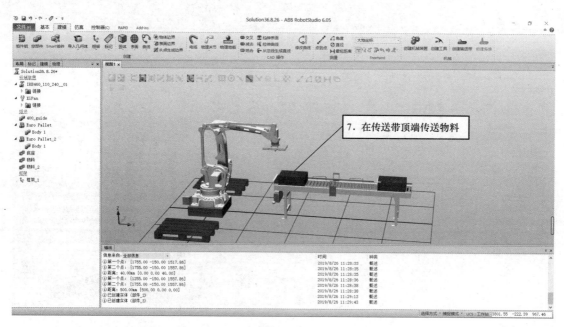

图 10-7

将箱子按图 10-8 所示位置摆放，第二层的摆放与第一层方向相反。

图　10-8

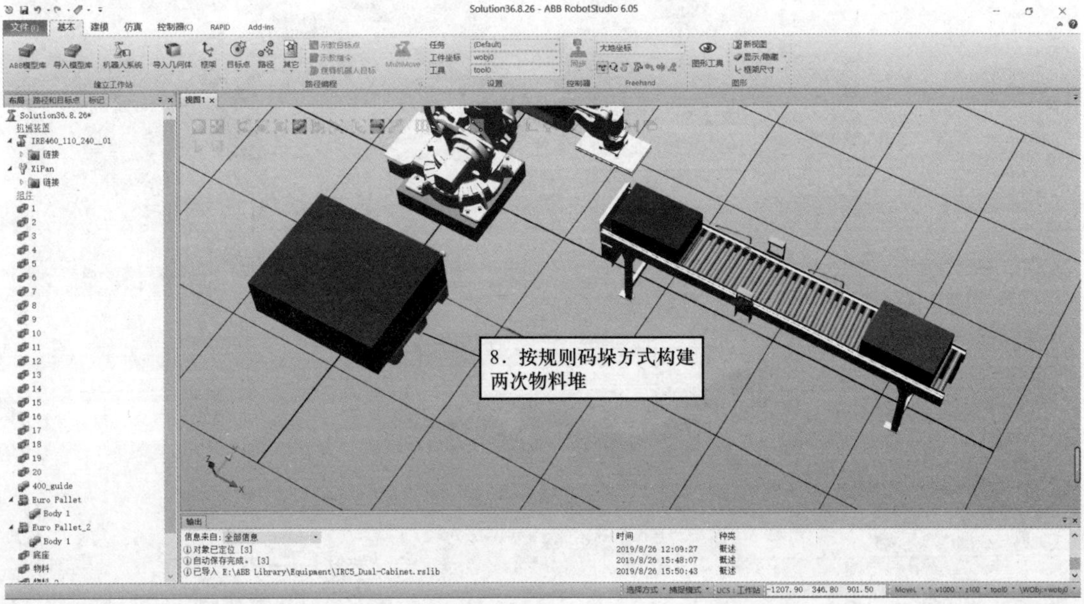

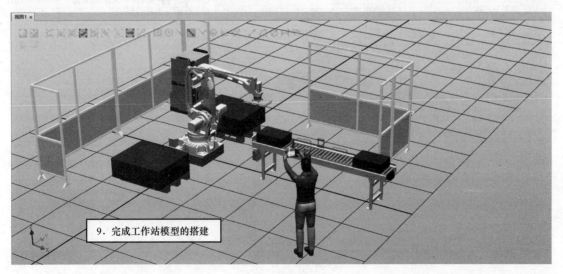

图　10-9

图　10-10

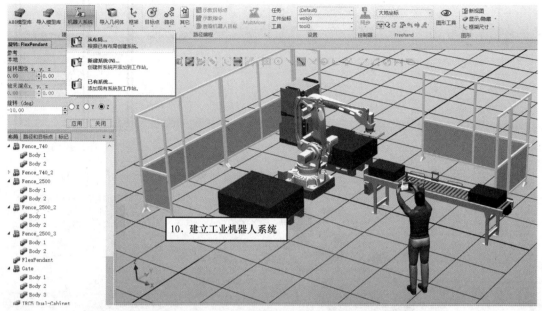

图 10-11

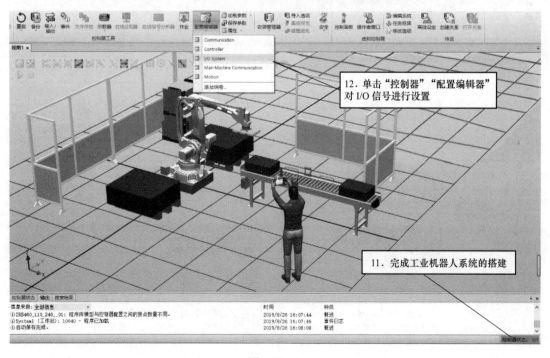

图 10-12

2）如图 10-13～图 10-22 所示，一共新建 25 个信号，信号类型设置为"Digital Output"，默认值为 0。doMove1、doMove2、doMove3 用来模拟传送带传送物料。

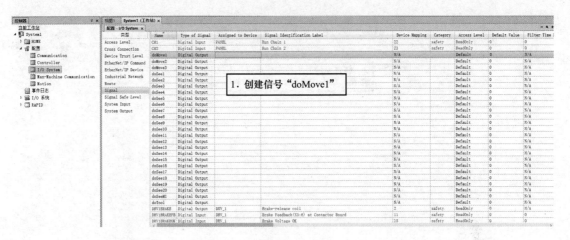

图　10-13

图　10-14

	e of Signal	Assigned to Device		Device Mapping	Category	Access Level	Default Value	Filter Tim
	tal Input	PANEL	2. 创建完信号后单击"重启"下拉	22	safety	ReadOnly	0	0
	tal Input	PANEL	按钮，单击"重启动（热重启）"	23	safety	ReadOnly	0	0
	tal Output			N/A		Default	0	N/A
doSee0	Digital Output			N/A		Default	0	N/A
doSee1	Digital Output			N/A		Default	0	N/A
doSee2	Digital Output			N/A		Default	0	N/A
doSee3	Digital Output			N/A		Default	0	N/A
doSee4	Digital Output			N/A		Default	0	N/A
doSee5	Digital Output			N/A		Default	0	N/A
doSee6	Digital Output			N/A		Default	0	N/A
doSee7	Digital Output			N/A		Default	0	N/A
doSee8	Digital Output			N/A		Default	0	N/A
doSee9	Digital Output			N/A		Default	0	N/A
doSee10	Digital Output			N/A		Default	0	N/A
doSee11	Digital Output			N/A		Default	0	N/A
doSee12	Digital Output			N/A		Default	0	N/A
doSee13	Digital Output			N/A		Default	0	N/A
doSee14	Digital Output			N/A		Default.	0	N/A
doSee15	Digital Output			N/A		Default	0	N/A
doSee16	Digital Output			N/A		Default	0	N/A
doSee17	Digital Output			N/A		Default	0	N/A
doSee18	Digital Output			N/A		Default	0	N/A
doSee19	Digital Output			N/A		Default	0	N/A
doSee20	Digital Output			N/A		Default	0	N/A
doSeeM1	Digital Output			N/A		Default	0	N/A
doTool	Digital Output			N/A		Default	0	N/A
DRV1BRAKE	Digital Output	DRV_1	Brake-release coil	2	safety	ReadOnly	0	0
DRV1BRAKEFB	Digital Input	DRV_1	Brake Feedback(X3:6) at Contactor Board	11	safety	ReadOnly	0	0
DRV1BRAKEOK	Digital Input	DRV_1	Brake Voltage OK	15	safety	ReadOnly	0	0

图 10-15

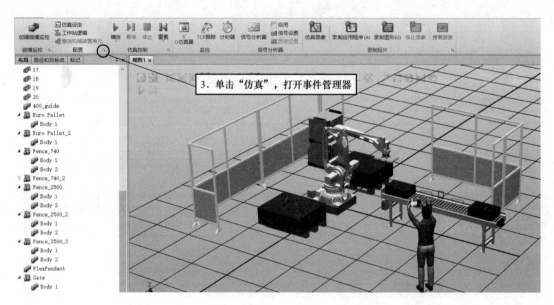

图 10-16

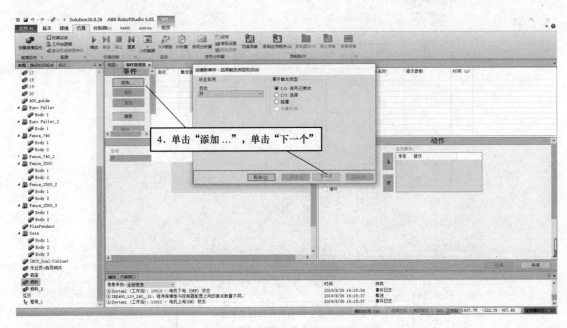

图 10-17

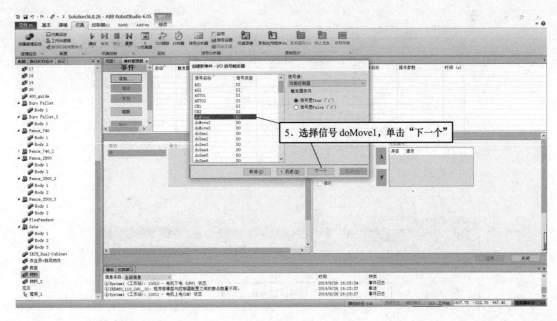

图 10-18

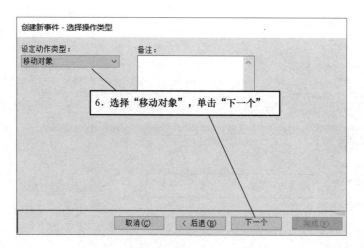

图　10-19

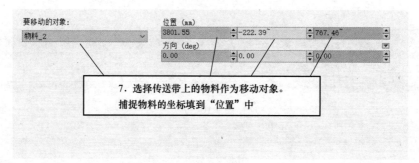

图　10-20

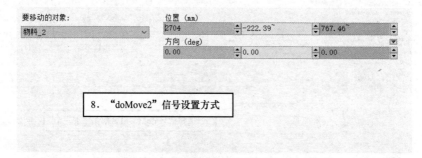

图　10-21

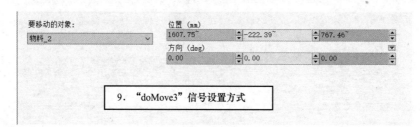

图　10-22

3）完成模拟传送带运动信号的设置后，对"doTool"信号进行设置，用来控制吸盘对物料的提取与放置，如图 10-23 ～图 10-30 所示。

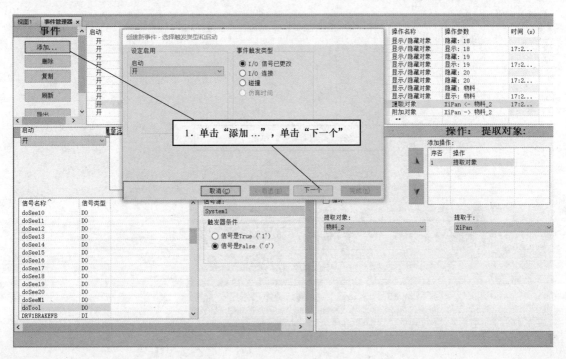

图　10-23

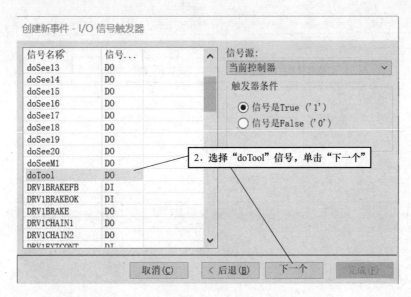

图　10-24

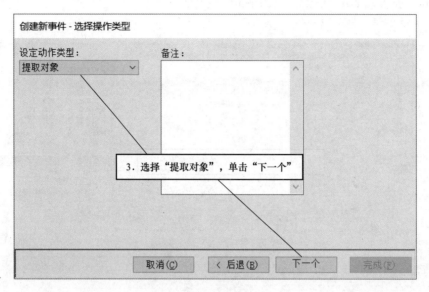

图 10-25

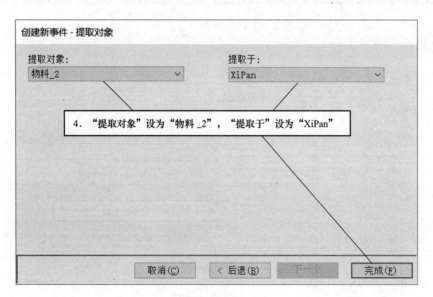

图 10-26

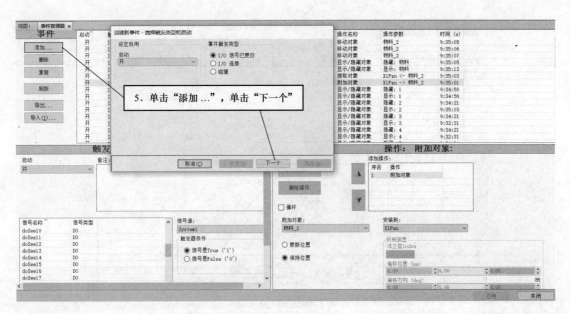

图 10-27

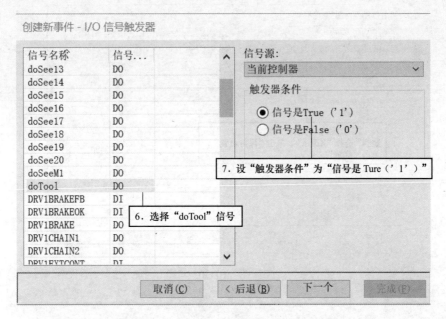

图 10-28

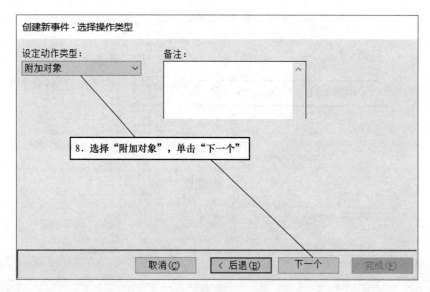

图　10-29

图　10-30

4）对 doSee1 ~ doSee20 信号进行设置，用来控制物料块的显示与隐藏，模拟物料块的堆叠过程。doSee1 信号的设置过程如图 10-31 ~图 10-36 所示。剩余信号的设置方法相同，注意对象与信号对应。

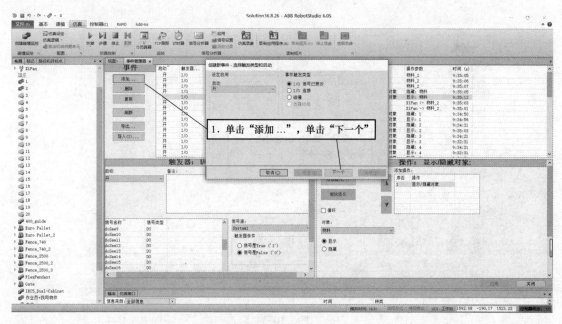

图　10-31

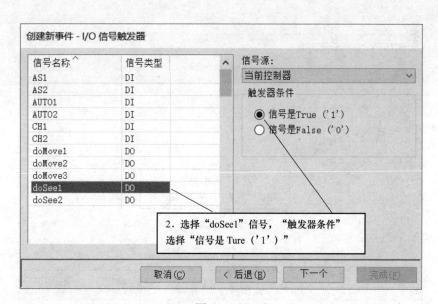

图　10-32

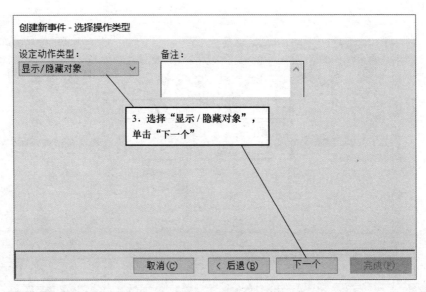

图 10-33

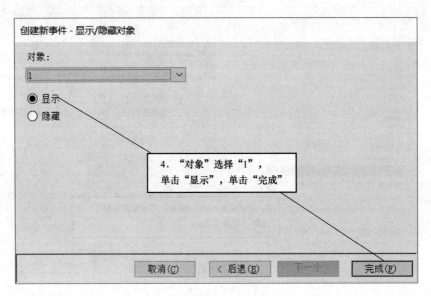

图 10-34

图　10-35

图　10-36

5）完成所有信号的设置后，创建一个空路径，对物料的移动位置新建目标点，注意多个物料显示的信号设置，如图 10-37～图 10-43 所示。

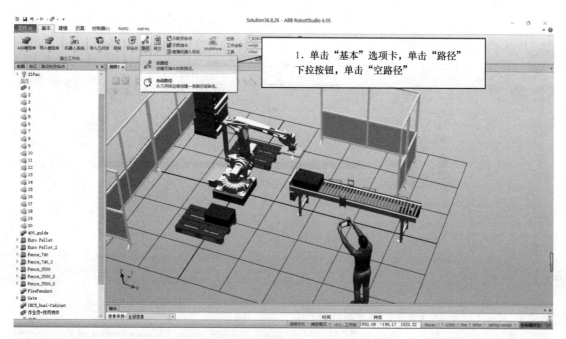

1. 单击"基本"选项卡，单击"路径"下拉按钮，单击"空路径"

图　10-37

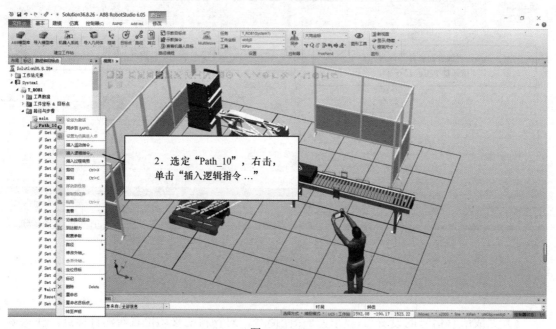

2. 选定"Path_10"，右击，单击"插入逻辑指令 …"

图　10-38

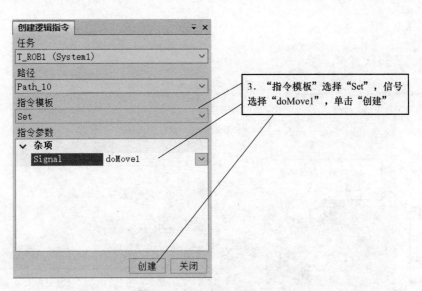

3. "指令模板"选择"Set"，信号选择"doMove1"，单击"创建"

图　10-39

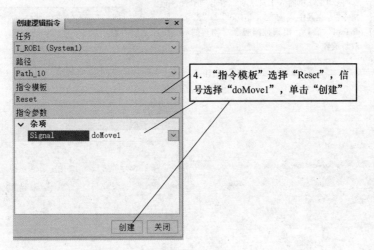

4. "指令模板"选择"Reset"，信号选择"doMove1"，单击"创建"

图　10-40

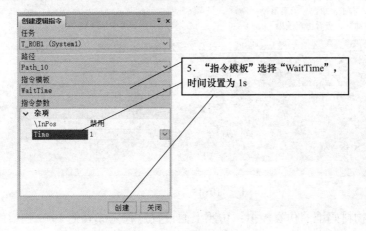

5. "指令模板"选择"WaitTime"，时间设置为 1s

图　10-41

工业机器人工作站虚拟仿真教程

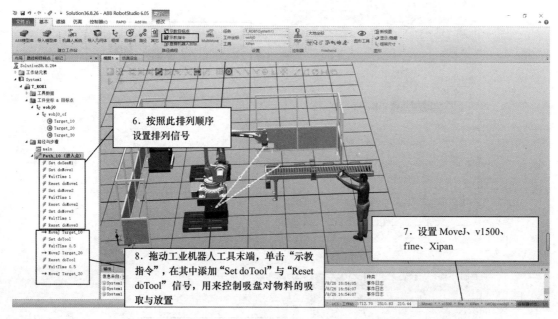

图 10-42

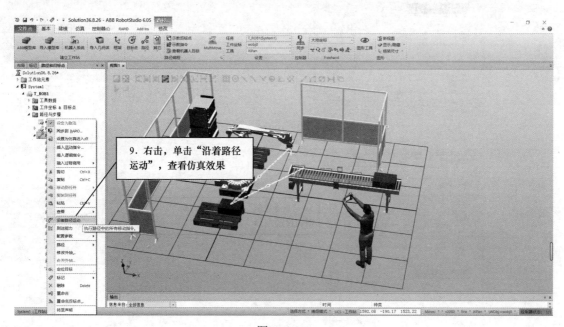

图 10-43

此时完成了一个物料码堆的仿真模拟。仿照上面设置过程完成其他 19 个物料的设置。

6）对代码进行设定，如图 10-44～图 10-55 所示。

Set doSee1
Set doSee2
Set doSee3
Set doSee4
Set doSee5
Set doSee6
Set doSee7
Set doSee8
Set doSee9
Set doSee10
Set doSee11
Set doSee12
Set doSee13
Set doSee14
Set doSee15
Set doSee16
Set doSee17
Set doSee18
Set doSee19
Set doSee20
Set doSeeM1
Set doMove1
WaitTime 1
Reset doMove1
Set doMove2
WaitTime 1
Reset doMove2
Set doMove3
WaitTime 1
Reset doMove3
Reset doSeeM1
MoveJ Target_10
Set doTool
WaitTime 0.5

图 10-44

Set doTool
WaitTime 0.5
MoveJ Target_20
Reset doTool
WaitTime 0.5
Reset doSee1
MoveJ Target_30
Set doSeeM1
Set doMove1
WaitTime 1
Reset doMove1
Set doMove2
WaitTime 1
Reset doMove2
Set doMove3
WaitTime 1
Reset doMove3
Reset doSeeM1
MoveJ Target_40
Set doTool
WaitTime 0.5
MoveJ Target_50
Reset doTool
WaitTime 0.5
Reset doSee2
MoveJ Target_60
Set doSeeM1
Set doMove1
WaitTime 1
Reset doMove1
Set doMove2
WaitTime 1
Reset doMove2
Set doMove3

图 10-45

Set doMove3
WaitTime 1
Reset doMove3
Reset doSeeM1
MoveJ Target_70
Set doTool
WaitTime 0.5
MoveJ Target_80
Reset doTool
WaitTime 0.5
Reset doSee3
MoveJ Target_90
Set doSeeM1
Set doMove1
WaitTime 1
Reset doMove1
Set doMove2
WaitTime 1
Reset doMove2
Set doMove3
WaitTime 1
Reset doMove3
Reset doSeeM1
MoveJ Target_100
Set doTool
WaitTime 0.5
MoveJ Target_110
Reset doTool
WaitTime 0.5
Reset doSee4
MoveJ Target_120
Set doSeeM1
Set doMove1
WaitTime 1

图 10-46

WaitTime 1
Reset doMove1
Set doMove2
WaitTime 1
Reset doMove2
Set doMove3
WaitTime 1
Reset doMove3
Reset doSeeM1
MoveJ Target_130
Set doTool
WaitTime 0.5
MoveJ Target_140
Reset doTool
WaitTime 0.5
Reset doSee5
MoveJ Target_150
Set doSeeM1
Set doMove1
WaitTime 1
Reset doMove1
Set doMove2
WaitTime 1
Reset doMove2
Set doMove3
WaitTime 1
Reset doMove3
Reset doSeeM1
MoveJ Target_160
Set doTool
WaitTime 0.5
MoveJ Target_170
Reset doTool
WaitTime 0.5

图 10-47

WaitTime 0.5
Reset doSee6
MoveJ Target_180
Set doSeeM1
Set doMove1
WaitTime 1
Reset doMove1
Set doMove2
WaitTime 1
Reset doMove2
Set doMove3
WaitTime 1
Reset doMove3
Reset doSeeM1
MoveJ Target_190
Set doTool
WaitTime 0.5
MoveJ Target_200
Reset doTool
WaitTime 0.5
Reset doSee7
MoveJ Target_210
Set doSeeM1
Set doMove1
WaitTime 1
Reset doMove1
Set doMove2
WaitTime 1
Reset doMove2
Set doMove3
WaitTime 1
Reset doMove3
Reset doSeeM1
MoveJ Target_220

图 10-48

MoveJ Target_220
Set doTool
WaitTime 0.5
MoveJ Target_230
Reset doTool
WaitTime 0.5
Reset doSee8
MoveJ Target_240
Set doSeeM1
Set doMove1
WaitTime 1
Reset doMove1
Set doMove2
WaitTime 1
Reset doMove2
Set doMove3
WaitTime 1
Reset doMove3
Reset doSeeM1
MoveJ Target_250
Set doTool
WaitTime 0.5
MoveJ Target_260
Reset doTool
WaitTime 0.5
Reset doSee9
MoveJ Target_270
Set doSeeM1
Set doMove1
WaitTime 1
Reset doMove1
Set doMove2
WaitTime 1
Reset doMove2

图 10-49

Reset doMove2
Set doMove3
WaitTime 1
Reset doMove3
Reset doSeeM1
MoveJ Target_280
Set doTool
WaitTime 0.5
MoveJ Target_290
Reset doTool
WaitTime 0.5
Reset doSee10
MoveJ Target_300
Set doSeeM1
Set doMove1
WaitTime 1
Reset doMove1
Set doMove2
WaitTime 1
Reset doMove2
Set doMove3
WaitTime 1
Reset doMove3
Reset doSeeM1
MoveJ Target_310
Set doTool
WaitTime 0.5
MoveJ Target_320
Reset doTool
WaitTime 0.5
Reset doSee11
MoveJ Target_330
Set doSeeM1
Set doMove1

图　10-50

Set doMove1
WaitTime 1
Reset doMove1
Set doMove2
WaitTime 1
Reset doMove2
Set doMove3
WaitTime 1
Reset doMove3
Reset doSeeM1
MoveJ Target_340
Set doTool
WaitTime 0.5
MoveJ Target_350
Reset doTool
WaitTime 0.5
Reset doSee12
MoveJ Target_360
Set doSeeM1
Set doMove1
WaitTime 1
Reset doMove1
Set doMove2
WaitTime 1
Reset doMove2
Set doMove3
WaitTime 1
Reset doMove3
Reset doSeeM1
MoveJ Target_370
Set doTool
WaitTime 0.5
MoveJ Target_380
Reset doTool

图　10-51

Reset doTool
WaitTime 0.5
Reset doSee13
MoveJ Target_390
Set doSeeM1
Set doMove1
WaitTime 1
Reset doMove1
Set doMove2
WaitTime 1
Reset doMove2
Set doMove3
WaitTime 1
Reset doMove3
Reset doSeeM1
MoveJ Target_400
Set doTool
WaitTime 0.5
MoveJ Target_410
Reset doTool
WaitTime 0.5
Reset doSee14
MoveJ Target_420
Set doSeeM1
Set doMove1
WaitTime 1
Reset doMove1
Set doMove2
WaitTime 1
Reset doMove2
Set doMove3
WaitTime 1
Reset doMove3
Reset doSeeM1

图　10-52

MoveJ Target_430
Set doTool
WaitTime 0.5
MoveJ Target_440
Reset doTool
WaitTime 0.5
Reset doSee15
MoveJ Target_450
Set doSeeM1
Set doMove1
WaitTime 1
Reset doMove1
Set doMove2
WaitTime 1
Reset doMove2
Set doMove3
WaitTime 1
Reset doMove3
Reset doSeeM1
MoveJ Target_460
Set doTool
WaitTime 0.5
MoveJ Target_470
Reset doTool
WaitTime 0.5
Reset doSee16
MoveJ Target_480
Set doSeeM1
Set doMove1
WaitTime 1
Reset doMove1
Set doMove2
WaitTime 1
Reset doMove2

图 10-53

Reset doMove2
Set doMove3
WaitTime 1
Reset doMove3
Reset doSeeM1
MoveJ Target_490
Set doTool
WaitTime 0.5
MoveJ Target_500
Reset doTool
WaitTime 0.5
Reset doSee17
MoveJ Target_510
Set doSeeM1
Set doMove1
WaitTime 1
Reset doMove1
Set doMove2
WaitTime 1
Reset doMove2
Set doMove3
WaitTime 1
Reset doMove3
Reset doSeeM1
MoveJ Target_520
Set doTool
WaitTime 0.5
MoveJ Target_530
Reset doTool
WaitTime 0.5
Reset doSee18
MoveJ Target_540
Set doSeeM1
Set doMove1

图 10-54

Set doMove1
WaitTime 1
Reset doMove1
Set doMove2
WaitTime 1
Reset doMove2
Set doMove3
WaitTime 1
Reset doMove3
Reset doSeeM1
MoveJ Target_550
Set doTool
WaitTime 0.5
MoveJ Target_560
Reset doTool
WaitTime 0.5
Reset doSee19
MoveJ Target_570
Set doSeeM1
Set doMove1
WaitTime 1
Reset doMove1
Set doMove2
WaitTime 1
Reset doMove2
Set doMove3
WaitTime 1
Reset doMove3
MoveJ Target_580
Set doTool
WaitTime 0.5
MoveJ Target_590
Reset doTool
WaitTime 0.5

图 10-55

7）完成代码的设定后，进行轨迹路径设置，如图 10-56～图 10-60 所示。

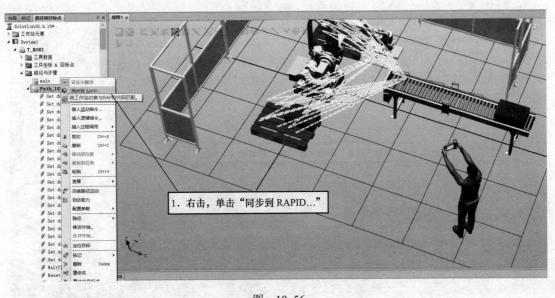

图　10-56

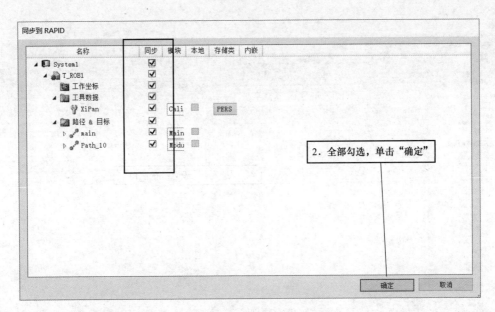

图　10-57

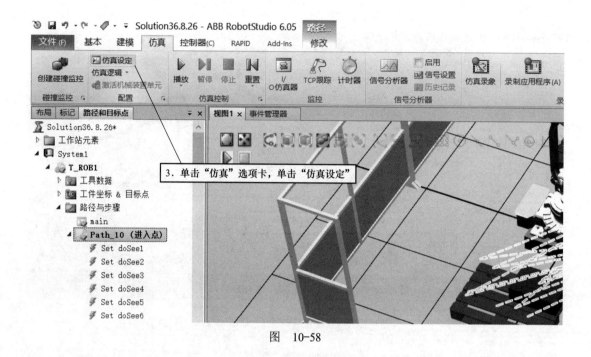

图　10-58

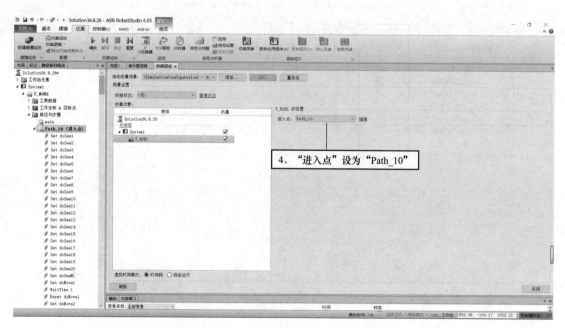

图　10-59

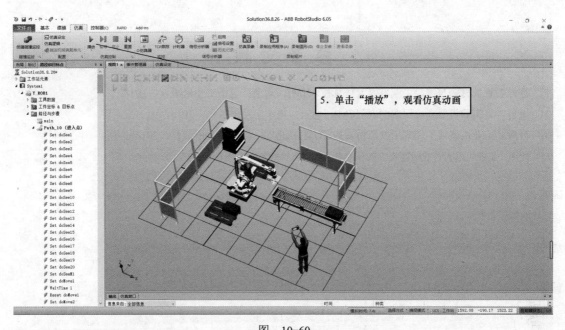

图　10-60

8）保存视频。单击"文件"选项卡下的"分享"，将码垛工作站打包。

习　　题

1．试用 Smart 组件完成传送带和抓取的仿真效果。

2．试用双机位机器人完成码垛仿真。

参 考 文 献

[1] 连硕教育教材编写组. 工业机器人仿真技术 [M]. 北京：电子工业出版社，2018.

[2] 余任冲. 工业机器人应用案例入门 [M]. 北京：电子工业出版社，2015.

[3] 叶晖. 工业机器人工程应用虚拟仿真教程 [M]. 北京：机械工业出版社，2014.

[4] 胡伟. 工业机器人行业应用实训教程 [M]. 北京：机械工业出版社，2016.